乡村振兴研究与实践丛书 | 张晓瑞主编

安徽省城乡规划设计研究院有限公司
合肥工业大学
联合研究成果

乡村发展评价、分类与整治

Rural Development Evaluation, Classification and Improvement

杨西宁 张晓瑞 等著

东南大学出版社
SOUTHEAST UNIVERSITY PRESS
南京・2022

内容提要

乡村发展评价、分类与整治是乡村振兴国家战略实施的基础和关键,是相关理论研究和实践探索的热点与焦点。本书从乡村在地振兴的视角出发,以乡村发展评价、分类与整治为研究中心,系统梳理了相关政策要求,提出了基于多准则决策分析的乡村发展综合评价方法、基于乡村发展综合评价的乡村分类方法和乡村土地整治策略,由此探索并建构了乡村发展评价、分类与整治的技术方法和策略体系。同时,本书以安徽省休宁县、来安县乡村发展评价以及来安县乡村分类与整治为实证,进行了较为系统的实践应用研究。作为一次探索,本书尝试从乡村在地振兴的视角提出乡村发展评价、分类与整治的方法和策略,以期为相关研究和实践提供参考和借鉴。

本书力求做到技术方法与实践案例的有机统一,可供从事乡村振兴、乡村发展建设、国土空间规划、村庄规划及其相关领域的科研、教学、实践工作者以及自然资源、农业农村、发展和改革等相关部门的管理人员阅读与参考,也可作为高等院校相关专业本科生、研究生的教学参考用书。

图书在版编目(CIP)数据

乡村发展评价、分类与整治 / 杨西宁,张晓瑞等著. —
南京 :东南大学出版社,2022.8
(乡村振兴研究与实践丛书 / 张晓瑞主编)
ISBN 978-7-5766-0210-4

Ⅰ. ①乡… Ⅱ. ①杨… ②张… Ⅲ. ①乡村规划-研究-中国 Ⅳ. ①TU982.29

中国版本图书馆 CIP 数据核字(2022)第 147800 号

责任编辑:孙惠玉　李　倩　　　　责任校对:子雪莲
封面设计:王　玥　　　　　　　　责任印制:周荣虎

乡村发展评价、分类与整治
Xiangcun Fazhan Pingjia, Fenlei Yu Zhengzhi

著　　者:杨西宁　张晓瑞　等
出版发行:东南大学出版社
社　　址:南京市四牌楼 2 号　邮编:210096　电话:025 - 83793330
网　　址:http://www.seupress.com
经　　销:全国各地新华书店
排　　版:南京布克文化发展有限公司
印　　刷:南京凯德印刷有限公司
开　　本:787 mm×1092 mm　1/16
印　　张:10.75
字　　数:260 千
版　　次:2022 年 8 月第 1 版
印　　次:2022 年 8 月第 1 次印刷
书　　号:ISBN 978-7-5766-0210-4
定　　价:49.00 元

本书编委会

总序

乡村振兴是中国当前正在全面深入实施的国家重大发展战略，是全面建设社会主义现代化国家的重大历史任务，是新时代做好“三农”工作的总抓手。实施乡村振兴战略，是解决人民日益增长的美好生活需要和不平衡不充分的发展之间矛盾的必然要求，是实现“两个一百年”奋斗目标的必然要求，是实现全体人民共同富裕的必然要求。当前，乡村振兴的宏伟蓝图正在中华大地徐徐铺展，“农业强、农村美、农民富”的愿景正在由梦想变成现实，农业正成为有奔头的产业，农民正成为有吸引力的职业，农村正成为安居乐业的美丽家园。

乡村振兴是一项重大系统工程，包括一系列具有基础性地位的理论方法和实践探索课题，已成为当前学术研究的热点和焦点。例如，国家提出要按照集聚提升、城郊融合、特色保护、搬迁撤并的思路分类推进乡村振兴，不搞一刀切。这就提出了一个理论方法问题，即如何将村庄划分成集聚提升类、城郊融合类、特色保护类、搬迁撤并类等类型，要按照何种标准、采用什么方法来划分，从而为分类推进乡村振兴提供科学依据。又如，《中华人民共和国乡村振兴促进法》专门对村庄规划做了规定，即县级政府和乡镇政府应当依法编制村庄规划，分类有序地推进村庄建设。根据此条要求，乡村振兴必须要依法编制村庄规划，做到先规划后建设，由此为实现全面振兴奠定基础。村庄规划历来都有，但在乡村振兴的时代背景下如何编制、如何用村庄规划来促进乡村振兴则又是一个重大理论方法研究课题。此外，乡村发展综合评价、村庄土地整治、村庄群及其规划等也正成为乡村振兴战略实施中的重要研究和实践探索课题。

“乡村振兴研究与实践丛书”针对乡村振兴中的基础性课题展开研究与探讨，是将乡村振兴的理论、方法与实践应用集为一体的系列著作。在该套丛书中，将给出乡村发展综合评价方法、基于乡村发展综合评价的村庄分类方法和村庄土地整治策略，由此形成一体化的乡村发展评价、分类与整治的理论和技术方法体系；将探索、建构乡村振兴视角下的村庄规划编制框架体系和技术方法体系，给出乡村振兴总体规划、村庄群规划、村庄规划的编制内容和支撑方法；将以不同地区的典型案例为实证，进行系统的应用研究，从而为乡村振兴研究和实践工作提供参考和借鉴。

“乡村振兴研究与实践丛书”将为对乡村振兴研究感兴趣的研究者、管理者和学生提供理论、方法和实践经验，可供从事乡村振兴、乡村发展建设及其相关领域的科研、教学、实践工作者阅读与参考。最后，希望本套丛书的出版不仅能丰富乡村振兴研究和实践的框架体系，而且能为读者的进一步思考和探索提供参考，更希望本书能为推动乡村振兴研究和实践进程贡献微薄之力。

张晓瑞

2022 年写于合肥

前言

根据国家关于乡村振兴战略实施的总体要求，乡村振兴要顺应村庄发展规律和演变趋势，因此将村庄划分为集聚提升类、城郊融合类、特色保护类、搬迁撤并类四种类型，进而按照这四类来分类推进乡村振兴。显然，这意味着不能对所有村庄按照同一模式、路径和策略来推进乡村振兴，也即不搞"一刀切"。在明确了分类要求后，随之而来的问题是如何分类、采用什么方法分类。一方面，根据国家要求，乡村分类要根据不同村庄的发展现状、区位条件、资源禀赋等因素进行综合评价，要在评价结果的基础上完成分类。另一方面，村庄一直存在着用地粗放，特别是宅基地面积规模过大的问题，这既不符合节约集约利用宝贵土地资源的基本要求，也不能满足乡村振兴战略实施对土地的需求。因此，村庄土地整治不仅是国土空间综合整治的基础工作，而且是乡村振兴战略实施的一个重要保障。

乡村发展评价、分类与整治构成了乡村振兴战略全面实施的基础性工作，也是乡村振兴研究与实践的一个重要课题。评价的目的是为了科学分类与整治，分类的目的是为了因地制宜地推进乡村振兴，整治的目的则是为乡村振兴提供充足的国土空间。乡村发展评价、分类与整治环环相扣，形成了一个逻辑上相互连贯的严密整体，其对于乡村科学谋划振兴之路、实现全面协调可持续发展具有重要的理论意义和实践价值。

本书从分析国家关于乡村振兴和乡村发展评价、分类与整治的相关政策与要求入手，紧扣"评价""分类""整治"这三大关键词，尝试构建了乡村发展评价、分类与整治的理论和技术方法体系。同时，应用所构建的模型、方法进行了系统的实证应用研究。全书共分为7章。第1章为绪论，提出了研究问题，分析了相关背景，并明确了本书的研究内容。第2章为方法与策略，首先构建了基于多指标的乡村发展评价模型和方法，其次根据评价结果提出了乡村分类的具体方法，最后则给出了乡村土地整治的策略体系。第3章和第4章分别以安徽省休宁县和来安县为案例，应用不同方法完成了休宁县和来安县的乡村发展综合评价。第5章则以来安县为案例，从行政村和自然村两大方面出发，对全县所有的村庄进行了系统分类。第6章仍以来安县为案例，对其乡村土地整治的潜力和区域进行了测算和分析。第7章总结了本书的研究内容，同时对未来研究进行了展望。

综上，乡村发展评价、分类与整治不仅为乡村振兴的分类实施提供了科学依据，而且能为后续的村庄规划编制和具体建设提供决策支持，其是乡村振兴战略实施中的一个重要基础性工作，也是乡村振兴研究与实践领域中的一个重大课题。本书以评价、分类与整治为三大核心问题，紧扣"如何评价，怎么分类，整治什么"这一研究脉络，力图构建乡村发展评价、分类与整治的理论方法和应用体系，以期为乡村振兴研究和实践提供参考和借鉴。

目录

1　绪论

1.1　引言

乡村是中国农村的基本空间单元，是农村经济社会活动的载体，是关系国计民生的根本性问题，更是保障国家长治久安、实现中华民族伟大复兴的基础。2017 年 10 月，中国共产党第十九次全国代表大会提出要实施乡村振兴战略，这是在新时代党和国家对农业农村农民（简称“三农”）问题的最新战略部署，是当前和未来解决好“三农”问题的根本指导。自乡村振兴战略提出以来，中共中央、国务院连续出台了有关文件，对全面推进乡村振兴做出总体部署。2018 年 5 月，中共中央政治局召开会议审议了《乡村振兴战略规划（2018—2022 年）》。2018 年 9 月，中共中央、国务院印发了《乡村振兴战略规划（2018—2022 年）》，并发出通知，要求各地区各部门结合实际认真贯彻落实。2021 年 2 月 21 日，《中共中央　国务院关于全面推进乡村振兴加快农业农村现代化的意见》（即中央一号文件）发布，这是 21 世纪以来第 18 个指导“三农”工作的中央一号文件。2021 年 2 月 25 日，国务院直属机构国家乡村振兴局正式挂牌。2021 年 3 月，《中共中央　国务院关于实现巩固拓展脱贫攻坚成果同乡村振兴有效衔接的意见》发布，对全面实施乡村振兴战略做出了具体部署。

乡村兴则国家兴，乡村衰则国家衰。实施乡村振兴战略是建设现代化经济体系的重要基础，是建设美丽中国的关键举措，是传承中华民族优秀传统文化的有效途径，是健全现代社会治理格局的固本之策，是实现全体人民共同富裕的必然选择。当前，人民日益增长的美好生活需要和不平衡不充分的发展之间的矛盾在乡村更为突出，全面建成小康社会和 2035 年基本实现社会主义现代化最艰巨的任务在农村，但同时最大的发展潜力也在农村。因此，在 2021 年脱贫攻坚取得全面胜利后，全面深入实施乡村振兴战略具有伟大而深远的历史意义，它是解决新时代我国社会主要矛盾、实现“两个一百年”奋斗目标和中华民族伟大复兴中国梦的历史必然，必将引领中国农村发展的新格局。

一方面，长期以来，“先规划，后建设”是我国城乡发展建设的基本原则和路径，乡村振兴也不例外。根据《乡村振兴战略规划（2018—2022 年）》，乡村振兴要顺应村庄发展规律和演变趋势，根据不同村庄的发展现状、区位条件、资源禀赋等，将村庄划分为集聚提升类、城郊融合类、特色保护类、搬迁撤并类四种类型，进而分类推进乡村振兴。根据这一国家要求，乡村分类是实施乡村振兴的前提和基础，是实现乡村振兴的一个关键中转环节，不同的乡村类型具有不同的乡村振兴模式和路径。进一步来看，乡村分类的依据是不同村庄的发展现状、区位条件、资源禀赋等因素，这就表明必须要根据发展现状、区位条件、资源禀赋等因素来对乡村发展进行综合评价，进而在综合评价的基础上实现乡村的科学分类。另一方面，在当前国土空间规划的新时代背景下，国土空间综合整治的重要性日渐提升，其是节约集约利用国土空间、实现国土空间可持续开发利用的重要途径。由于历史原因，乡村地区一直存在着农村建设用地粗放利用、宅基地面积过大的问题，这既浪费了宝贵的土地资源，又不利于满足乡村振兴的用地需求，已经成为当前制约乡村振兴深入实施的一个基础性问题。

通过上述梳理分析可知，乡村振兴要建立在乡村发展现状、区位条件、资源禀赋等的基础上，这就意味着其必然是一种基于乡村自身条件的在地振兴。所谓在地，即本地、当地、本土的意思，从学术研究的角度来看，在地具有较为广泛的应用，如在地建筑、在地设计、在地景观、在地艺术、在地文化、在地村镇化、在地全球化等，其都具有立足自身地域性、本土性的含义，都表达了一种自身与所处的自然地理环境及形成于其上的经济社会、风土文化、生产与生活方式等地域特性的依附关系，是典型的“人—地”统一复合体。基于此，从大的国家层面来看，乡村振兴是一种普适的、全局的发展目标和愿景；而从具体的区域（如某市或某县）来看，乡村振兴则是一种典型的在地振兴，即区域乡村立足自身条件和本土特点实现振兴的过程，其是国家乡村振兴战略实施的在地化和本土化。因此，要将乡村发展评价、分类与整治放在具体的区域中进行探讨，即要从乡村在地振兴的视角出发，由此才能将国家乡村振兴这一宏观战略落实到具体的实践应用中，从而最终实现乡村的全面振兴这一战略目标。

乡村发展的“评价、分类、整治”构成了乡村振兴战略全面实施及在地振兴的前置环节。首先，对乡村发展进行综合评价是前提和基础，是乡村分类与整治的直接依据。其次，分类是为了更加精准地实施乡村振兴，不同的乡村类型将拥有不同的在地振兴模式和路径。最后，整治是乡村国土空间实现节约集约利用的重要手段，将能有效提高乡村土地利用效率，进而为乡村在地振兴提供充足的用地空间。进一步从乡村规划的角度来看，评价、分类与整治也是具体开展乡村规划设计的必然要求，科学、理性地进行乡村发展评价、分类与整治将能为乡村规划设计提供明确的方向和支点，由此确保规划能用、好用与管用。因此，乡村发展评价、分类与整治是全面实施乡村振兴战略、推进乡村在地振兴、开展村庄规划编制工作中的一个重大理论研究和实践探索课题，对于乡村科学谋划在地振兴之路、实现全面协调可持续发展具有重要的理论意义和实践价值。

基于此，本书尝试展开乡村发展评价、分类与整治的技术方法和实践应用研究。全书以乡村发展的“评价、分类、整治”为主线，以“怎样评价”为核心，以“分类与整治”为评价结果的两大应用节点，进而在此基础上展开相应的实证研究，以期能为乡村振兴战略的实施、乡村在地振兴之路、乡村规划的编制提供理论方法参考和实践应用借鉴。

1.2 相关政策梳理

近年来，特别是乡镇振兴战略正式提出之后，国家出台了多个与乡村发展评价、分类与整治相关的政策文件，这些都是开展乡村发展评价、分类与整治的理论和实践依据。因此，有必要对这些政策进行梳理和分析，由此为后续研究奠定基础。总体来看，这些相关政策文件可分为三类：一是关于村庄类型划分的；二是关于村庄规划布局的；三是关于村庄土地利用与整治的。

1.2.1 村庄类型划分

《乡村振兴战略规划(2018—2022年)》的第九章“分类推进乡村发展”对乡村分类进行了系统阐述。在乡村振兴过程中，要按照集聚提升、城郊融合、特色保护、搬迁撤并的思路分类推进乡村振兴，不搞一刀切。这是国家层面上对全国乡村类型进行的划分，具有最高的权威性和统一性。

(1) 集聚提升类村庄

现有规模较大的中心村和其他仍将存续的一般村庄，占乡村类型的大多数，是乡村振兴的重点。科学确定村庄发展方向，在原有规模基础上有序推进改造提升，激活产业、优化环境、提振人气、增添活力，保护保留乡村风貌，建设宜居宜业的美丽村庄。鼓励发挥自身比较优势，强化主导产业支撑，支持农业、工贸、休闲服务等专业化村庄发展。加强海岛村庄、国有农场及林场规划建设，改善生产、生活条件。

(2) 城郊融合类村庄

城市近郊区以及县城城关镇所在地的村庄，具备成为城市后花园的优势，也具有向城市转型的条件。综合考虑工业化、城镇化和村庄自身发展需要，加快城乡产业融合发展、基础设施互联互通、公共服务共建共享，在形态上保留乡村风貌，在治理上体现城市水平，逐步强化服务城市发展、承接城市功能外溢、满足城市消费需求能力，为城乡融合发展提供实践经验。

(3) 特色保护类村庄

历史文化名村、传统村落、少数民族特色村寨、特色景观旅游名村等自然历史文化特色资源丰富的村庄，是彰显和传承中华优秀传统文化的重要载体。统筹保护、利用与发展的关系，努力保持村庄的完整性、真实性和延续性。切实保护村庄的传统选址、格局、风貌以及自然和田园景观等整体空间形态与环境，全面保护文物古迹、历史建筑、传统民居等传统建筑。尊重原住居民生活形态和传统习惯，加快改善村庄基础设施和公共环境，合理利用村庄特色资源，发展乡村旅游和特色产业，形成特色资源保护与村庄发展的良性互促机制。

(4) 搬迁撤并类村庄

位于生存条件恶劣、生态环境脆弱、自然灾害频发等地区的村庄，因重大项目建设需要搬迁的村庄，以及人口流失特别严重的村庄，可通过易地扶贫搬迁、生态宜居搬迁、农村集聚发展搬迁等方式，实施村庄搬迁撤并，统筹解决村民生计、生态保护等问题。拟搬迁撤并的村庄，严格限制新建、扩建活动，统筹考虑拟迁入或新建村庄的基础设施和公共服务设施建设。坚持村庄搬迁撤并与新型城镇化、农业现代化相结合，依托适宜区域进行安置，避免新建孤立的村落式移民社区。搬迁撤并后的村庄原址，因地制宜复垦或还绿，增加乡村生产生态空间。农村居民点迁建和村庄撤并，必须尊重农民意愿并经村民会议同意，不得强制农民搬迁和集中上楼。

2019 年 1 月，《中央农办　农业农村部　自然资源部　国家发展改革委关于统筹推进村庄规划工作的意见》(农规发〔2019〕1 号)发布，明确提出要合理划分县域村庄类型，要逐村研究村庄人口变化、区位条件和发展趋势，明确县域村庄分类，将现有规模较大的中心村，确定为集聚提升类村庄；将城市近郊区以及县城城关镇所在地村庄，确定为城郊融合类村庄；将历史文化名村、传统村落、少数民族特色村寨、特色景观旅游名村等特色资源丰富的村庄，确定为特色保护类村庄；将位于生存条件恶劣、生态环境脆弱、自然灾害频发等地区的村庄，因重大项目建设需要搬迁的村庄，以及人口流失特别严重的村庄，确定为搬迁撤并类村庄。

1.2.2　村庄规划布局

2019 年 1 月，《中央农办　农业农村部　自然资源部　国家发展改革委关于统筹推进村庄规划工作的意见》(农规发〔2019〕1 号)从七个方面对村庄规划工作进行了总体部署，包括切实提高村庄规划工作重要性的认识、明确村庄规划工作的总体要求、合理划分县域村庄类型、统筹谋划村庄发展、充分发挥村民主体作用、组织动员社会力量开展规划服务、建立健全县级党委领导政府负责的工作机制。同时，该意见强调了要切实做到乡村振兴规划先行，自然资源主管部门要做好村庄规划编制和实施管理工作，为乡村振兴战略实施开好局、起好步打下坚实基础。

2019 年 5 月，《自然资源部办公厅关于加强村庄规划促进乡村振兴的通知》(自然资办发〔2019〕35 号)明确了国土空间规划新时代背景下村庄规划的总体定位，即村庄规划是法定规划，是国土空间规划体系中乡村地区的详细规划，是开展国土空间开发保护活动、实施国土空间用途管制、核发乡村建设项目规划许可、进行各项建设等的法定依据。要整合村土地利用规划、村庄建设规划等乡村规划，实现土地利用规划、城乡规划等有机融合，编制“多规合一”的实用性村庄规划。

2020年12月《自然资源部办公厅关于进一步做好村庄规划工作的意见》(自然资办发〔2020〕57号)进一步对村庄规划提出了更高的目标要求：要在县、乡镇级国土空间规划中，统筹城镇和乡村发展，合理优化村庄布局。要根据不同类型的村庄发展需要，有序推进村庄规划编制。集聚提升类等建设需求量大的村庄加快编制，城郊融合类的村庄可纳入城镇控制性详细规划统筹编制，搬迁撤并类的村庄原则上不单独编制。拟搬迁撤并的村庄，要合理把握规划实施节奏，充分尊重农民的意愿，不得强迫农民“上楼”。同时，要严格落实“一户一宅”，引导农村宅基地集中布局。

2021年2月，《中共中央　国务院关于全面推进乡村振兴加快农业农村现代化的意见》要求加快推进村庄规划工作。2021年基本完成县级国土空间规划编制，明确村庄布局分类。积极有序推进“多规合一”实用性村庄规划编制，对有条件、有需求的村庄尽快实现村庄规划全覆盖。对暂时没有编制规划的村庄，严格按照县乡两级国土空间规划中确定的用途管制和建设管理要求进行建设。编制村庄规划要立足现有基础，保留乡村特色风貌，不搞大拆大建。按照规划有序开展各项建设，严肃查处违规乱建行为。健全农房建设质量安全法律法规和监管体制，三年内完成安全隐患排查整治。完善建设标准和规范，提高农房设计水平和建设质量。继续实施农村危房改造和地震高烈度设防地区农房抗震改造。加强村庄风貌引导，保护传统村落、传统民居和历史文化名村名镇。加大农村地区文化遗产遗迹保护力度。乡村建设是为农民而建，要因地制宜、稳扎稳打，不刮风搞运动。严格规范村庄撤并，不得违背农民意愿、强迫农民上楼，把好事办好、把实事办实。

1.2.3　村庄土地利用与整治

土地特别是耕地向来是农村最重要的生产要素，激活土地要素是实施乡村振兴战略的关键一环，为此，国家接连出台了一系列针对乡村土地资源推动乡村振兴的发展政策。早在2007年，《国务院办公厅关于严格执行有关农村集体建设用地法律和政策的通知》(国办发〔2007〕71号)就提出要严格规范使用农民集体所有土地进行建设，农村住宅用地只能分配给本村村民，城镇居民不得到农村购买宅基地、农民住宅或“小产权房”。其他任何单位和个人进行非农业建设，需要使用土地的，必须依法申请使用国有土地。2010年，《国土资源部关于进一步完善农村宅基地管理制度切实维护农民权益的通知》(国土资发〔2010〕28号)强调要合理确定村庄宅基地用地布局规模。加强农村住宅建设用地规划计划控制，完善宅基地申请审批制度；严格宅基地面积标准，合理分配宅基地，落实最严格的节约用地制度；因地制宜地推进“空心村”治理和旧村改造，建立宅基地使用和管理新秩序。2010 年 12 月,《国务院关于严格规范城乡建设用地增减挂钩试点切实做好农村土地整治工作的通知》(国发〔2010〕47 号)强调要大力推进以高产稳产基本农田建设为重点的农田整治,规范推进农村土地整治示范建设。未批准开展增减挂钩试点的地区,不得将农村土地整治节约的建设用地指标调剂给城镇使用。积极组织实施农村土地整治重大工程。要按照科学论证、集中投入、分步实施的要求,以提高粮食综合生产能力为目标,在保护生态环境的前提下,积极组织实施《全国土地利用总体规划纲要(2006—2020 年)》《全国新增 1 000 亿斤粮食生产能力规划(2009—2020 年)》确定的农村土地整治重大工程,促进国家粮食核心产区和战略后备产区建设,为确保国家粮食安全提供基础性保障。

2017 年 1 月,《中共中央　国务院关于加强耕地保护和改进占补平衡的意见》(中发〔2017〕4 号)要求大力实施土地整治,落实补充耕地任务。鼓励地方统筹使用相关资金实施土地整治和高标准农田建设。充分发挥财政资金作用,鼓励采取政府和社会资本合作(PPP)模式、以奖代补等方式,引导农村集体经济组织、农民和新型农业经营主体等,根据土地整治规划投资或参与土地整治项目,多渠道落实补充耕地任务。

2018 年 3 月,《跨省域补充耕地国家统筹管理办法》和《城乡建设用地增减挂钩节余指标跨省域调剂管理办法》出台,提出要在土地整治方面进行分类实施补充耕地的国家统筹,减少耕地占用,坚持补充耕地指标以土地整治和高标准农田建设新增耕地为主。要落实最严格的耕地保护制度、节约用地制度和生态环境保护制度,严格执行耕地占补平衡制度。帮扶地区要把决胜全面小康、实现共同富裕摆在更加突出的位置,落实好帮扶责任。

2019 年 9 月,《中央农村工作领导小组办公室　农业农村部关于进一步加强农村宅基地管理的通知》(中农发〔2019〕11 号)要求建立部省指导、市县主导、乡镇主责、村级主体的宅基地管理机制。农村村民一户只能拥有一处宅基地,面积不得超过本省、自治区、直辖市规定的标准。严格落实土地用途管制,农村村民建住宅应当符合乡(镇)土地利用总体规划、村庄规划。鼓励村集体和农民盘活利用闲置宅基地和闲置住宅,通过自主经营、合作经营、委托经营等方式,依法依规发展农家乐、民宿、乡村旅游等。

2019 年 9 月,《农业农村部关于积极稳妥开展农村闲置宅基地和闲置住宅盘活利用工作的通知》(农经发〔2019〕4 号)强调要因地制宜选择盘活利用模式,支持农村集体经济组织及其成员采取自营、出租、入股、合作等多种方式盘活利用农村闲置宅基地和闲置住宅,稳妥推进盘活利用示范。要依法规范盘活利用行为,防止侵占耕地、大拆大建、违规开发,确保盘活利用的农村闲置宅基地和闲置住宅依法取得、权属清晰。

2019 年 12 月,《自然资源部关于开展全域土地综合整治试点工作的通知》(自然资发〔2019〕194 号)明确了以乡镇为基本单元的土地整治的目标任务、支持政策及工作要求,提出到 2020 年开展不少于 300 个土地综合整治示范村建设，整体推进农用地整理、建设用地整理和乡村生态保护修复。通过土地整治，优化农村生产、生活、生态格局，促进耕地保护和土地集约节约利用，改善农村人居环境，助推乡村全面振兴。

2020 年 1 月，《中共中央　国务院关于抓好“三农”领域重点工作确保如期实现全面小康的意见》（中发〔2020〕1 号）要求强化农业设施用地监管，严禁以农业设施用地为名从事非农建设。开展乡村全域土地综合整治试点，优化农村生产、生活、生态空间布局。在符合国土空间规划前提下，通过村庄整治、土地整理等方式节余的农村集体建设用地优先用于发展乡村产业项目。严格农村宅基地管理，加强对乡镇审批宅基地监管，防止土地占用失控。扎实推进宅基地使用权确权登记颁证。以探索宅基地所有权、资格权、使用权“三权分置”为重点，进一步深化农村宅基地制度改革试点。全面推开农村集体产权制度改革试点，有序开展集体成员身份确认、集体资产折股量化、股份合作制改革、集体经济组织登记赋码等工作。

2020 年 7 月，《自然资源部　农业农村部关于农村乱占耕地建房“八不准”的通知》（自然资发〔2020〕127 号）和《自然资源部　农业农村部关于保障农村村民住宅建设合理用地的通知》（自然资发〔2020〕128 号）进一步细化并明确了农村宅基地的管理政策。“八不准”具体包括：不准占用永久基本农田建房；不准强占多占耕地建房；不准买卖、流转耕地违法建房；不准在承包耕地上违法建房；不准巧立名目违法占用耕地建房；不准违反“一户一宅”规定占用耕地建房；不准非法出售占用耕地建的房屋；不准违法审批占用耕地建房。同时，《自然资源部　农业农村部关于农村乱占耕地建房“八不准”的通知》要求地方各级自然资源、农业农村主管部门要在党委和政府的领导下，完善土地执法监管体制机制，加强与纪检监察、法院、检察院和公安机关的协作配合，采取多种措施合力强化日常监管，务必坚决遏制新增农村乱占耕地建房行为。对通知下发后出现的新增违法违规行为，要以“零容忍”的态度依法严肃处理，该拆除的要拆除，该没收的要没收，该复耕的要限期恢复耕种条件，该追究责任的要追究责任，做到“早发现、早制止、严查处”，严肃追究监管不力、失职渎职、不作为、乱作为问题，坚决守住耕地保护红线。《自然资源部　农业农村部关于保障农村村民住宅建设合理用地的通知》则对村民合法合理的宅基地需求进行了明确，提出在县、乡级国土空间规划和村庄规划中，要为农村村民住宅建设用地预留空间。已有村庄规划的，要严格落实。没有村庄规划的，要统筹考虑宅基地规模和布局。要优先利用村内空闲地，尽量少占耕地。文件进一步强调了农村村民住宅建设要依法落实“一户一宅”要求，严格执行各省（自治区、直辖市）规定的宅基地标准，不得随意改变。宅基地审批要严格落实《农业农村部　自然资源部关于规范农村宅基地审批管理的通知》（农经发〔2019〕6 号）。同时，文件还提出要充分尊重农民意愿，不提倡、不鼓励在城市和集镇规划区外拆并村庄、建设大规模农民集中居住区，不得强制农民搬迁和上楼居住。

2020年12月,《中共中央　国务院关于实现巩固拓展脱贫攻坚成果同乡村振兴有效衔接的意见》(中发〔2020〕30号)强调要做好土地支持政策衔接。要坚持最严格耕地保护制度,强化耕地保护主体责任,严格控制非农建设占用耕地,坚决守住18亿亩耕地红线。以国土空间规划为依据,按照应保尽保原则,新增建设用地计划指标优先保障巩固拓展脱贫攻坚成果和乡村振兴用地需要,过渡期内专项安排脱贫县年度新增建设用地计划指标,专项指标不得挪用;原深度贫困地区计划指标不足的,由所在省份协调解决。过渡期内,对脱贫地区继续实施城乡建设用地增减挂钩节余指标省内交易政策;在东西部协作和对口支援框架下,对现行政策进行调整完善,继续开展增减挂钩节余指标跨省域调剂。

2021年1月,《中共中央　国务院关于全面推进乡村振兴加快农业农村现代化的意见》提出要坚决守住18亿亩耕地红线。统筹布局生态、农业、城镇等功能空间,科学划定各类空间管控边界,严格实行土地用途管制。采取"长牙齿"的措施,落实最严格的耕地保护制度。严禁违规占用耕地和违背自然规律绿化造林、挖湖造景,严格控制非农建设占用耕地,深入推进农村乱占耕地建房专项整治行动,坚决遏制耕地"非农化"、防止"非粮化"。明确耕地利用优先序,永久基本农田重点用于粮食特别是口粮生产,一般耕地主要用于粮食和棉、油、糖、蔬菜等农产品及饲草饲料生产。明确耕地和永久基本农田不同的管制目标和管制强度,严格控制耕地转为林地、园地等其他类型农用地,强化土地流转用途监管,确保耕地数量不减少、质量有提高。实施新一轮高标准农田建设规划,提高建设标准和质量,健全管护机制,多渠道筹集建设资金,中央和地方共同加大粮食主产区高标准农田建设投入,2021年建设1亿亩旱涝保收、高产稳产高标准农田。在高标准农田建设中增加的耕地作为占补平衡补充耕地指标在省域内调剂,所得收益用于高标准农田建设。加强和改进建设占用耕地占补平衡管理,严格新增耕地核实认定和监管。健全耕地数量和质量监测监管机制,加强耕地保护督察和执法监督,开展"十三五"时期省级政府耕地保护责任目标考核。

1.3　研究内容

乡村发展评价、分类与整治是乡村振兴实施和村庄规划编制的基础支撑,在当前全面开展乡村振兴和村庄规划编制的时代背景下具有特殊而重要的价值和意义,同时也是相关研究和实践的热点和焦点。作为一次学术研究和实践应用的探索和尝试,本书将在相关政策文件要求和精神的指导下,初步从乡村在地振兴的视角提出乡村发展评价、分类与整治的技术方法和策略体系,并进行针对性的实践应用研究,以期为乡村振兴战略实施和村庄规划编制提供参考和借鉴。

本书以乡村发展的综合系统评价为核心,以"评价、分类、整治"为基本脉络和研究主线，力图实现在评价的基础上实现分类与整治，由此构建一套乡村发展评价、分类与整治的技术方法体系和实践应用范式。本书首先通过对乡村发展水平进行科学系统的评价，获得对乡村发展的全面认识；其次以评价结果为基础，按照乡村振兴战略的要求完成村庄的全面分类，既包括行政村层面上的分类，又包括自然村层面上的分类；最后在前述评价、分类的基础上开展乡村土地整治分析，并给出不同整治模式下土地整治的效率和效益，由此实现乡村土地资源的节约集约利用与可持续发展。具体来看，本书主要内容包括乡村发展评价、乡村分类、乡村整治以及实证研究四大部分。

（1）乡村发展评价

评价是为了更好、更科学地进行分类与整治。如何对乡村的发展现状进行综合而系统的评价是本书研究的核心问题。按照国家相关要求，只有在对乡村发展现状进行科学评价的基础上，才能做好乡村分类与整治工作，进而为乡村振兴的全面实施奠定基础。因此，本书将综合应用相关技术方法来进行乡村发展现状的综合评价，由此获得对乡村发展的系统认识，为后续的乡村分类与整治夯实基础。

（2）乡村分类

国家提出了集聚提升类、城郊融合类、特色保护类、搬迁撤并类四类村庄的划分，但仅明确了这一总体要求和划分思路，并没有给出具体的划分技术路径和标准。同时，国家明确了要在村庄发展现状、区位条件、资源禀赋等因素的基础上进行村庄分类，但如何操作和划分仍需要开展研究和探索。基于此，本书将在乡村发展评价的基础上开展乡村分类研究，从而实现四类村庄的科学划分。

（3）乡村整治

如何提高土地利用的节约集约性是当前乡村土地整治的关键环节。在评价的基础上，本书将探索乡村整治的方法和路径，重点针对当前农村宅基地的粗放利用这一突出问题开展乡村整治研究，以此明确整治的效益、效果和空间区位，进而可为乡村振兴用地、村庄规划编制提供方向和依据。

（4）实证研究

以安徽省休宁县、来安县的乡村发展评价和来安县的乡村分类与整治为实证案例，具体应用了所构建的乡村发展评价、分类与整治方法。本书将全面分析和论述案例研究区的评价、分类与整治的主要内容和成果，由此为研究区的乡村振兴战略实施、乡村在地振兴之路、村庄规划布局提供决策依据，同时也为其他地区的研究和实践提供参考和借鉴。

2 方法与策略

2.1 评价思路

2.1.1 概述

事物与事物之间存在普遍联系的关系，事物内部的各要素之间及事物发展的前后阶段之间是相互影响、相互作用和相互制约的。对于某一特定事物而言，内部的各要素和所有其他事物都会与它发生联系，在理论上这种联系被称为影响，这些与它发生联系的事物、要素被称为因素，在具体应用时这些因素则表现为一组具体的评价指标。因此，在对复杂事物进行分析时，通常要应用综合指标法，由此获得对事物更为全面、系统的认识。

如果说乡村分类是乡村振兴实施的基础，那么乡村发展评价就是乡村分类的基础，其为科学进行乡村分类提供核心决策支持。乡村发展评价在乡村振兴全面实施中具有重要的战略地位，通过评价可以摸清乡村发展的基本家底，搞清楚乡村发展的现状水平和状态，揭示乡村发展的空间格局和特点，由此为乡村分类提供科学支撑，进而为乡村振兴的分类精准实施奠定了坚实基础。

从本质上看，乡村发展评价就是要精细化地评价乡村国土空间的地域分异规律和特点。所谓地域分异是指自然地理综合体及其各组成部分按地理坐标所确定的方向发生有规律的变化和更替的现象，是“人—地”复合系统的根本特征。地球表面的地域分异是自然、经济、人文等要素相互作用而表现出来的一种综合效应，具有不同的空间尺度和等级层次性，其中大尺度的地域分异控制着小尺度地域分异的发展，小尺度的地域分异是大尺度地域分异形成、发展的基础。地域分异会呈现出一定的规律性，这种规律性受到自然因素（太阳辐射、地形地貌等）、经济因素（经济区位、交通条件等）和社会因素（政治、文化、习俗等）的共同影响。由于受到地域分异规律的影响和制约，各种资源环境的开发利用都因所处地理空间位置的不同而形成地域差别，使得人类的空间开发活动有特定的空间位置和范围，形成各个具有一定相似性和差异性的功能分区。作为地理学的经典理论之一，地域分异理论是各种综合评价工作最基础的支撑理论之一，各种综合评价也都是按照评价单元之间的相似性和差异性而进行的，其实质就是地域分异规律的客观反映。

综上，乡村发展评价是乡村分类的前提和依据，是对乡村自然、经济、社会诸多因素在地域空间分布上的综合分析，是新时期对地域分异规律的深入研究和应用。乡村发展评价的目标在于挖掘乡村各个要素的发展水平和状态，揭示乡村国土空间的地域分异规律和特点，定量测度各个评价指标要素地域分异的相似性和差异性，进而找出乡村空间单元的相似性和差异性，由此为乡村分类及优化布局奠定科学基础。

2.1.2　评价方法

乡村是一个特定的人类聚居空间，是具有自然、社会、经济特征的地域综合体，是生产、生活、生态有机融合的共同体，兼具生产、生活、生态、文化等多重功能，具有人类活动和自然生态高度关联的特点，因此也是一个复杂的统一体。乡村发展评价是乡村经济社会和自然生态的综合系统评价，在理论和实践上都需要采用综合指标法，要构建能够反映乡村各个方面特点的综合指标体系，进而对指标体系进行数学建模和有机集成，由此得到一个能够定量反映和体现乡村发展水平的综合指数，以此来代表各个村庄的发展现状和发展水平。

在应用基于综合指标法的乡村发展评价时，首选的方法是多准则决策(Multi-Criteria Decision Making, MCDM)方法，它是一种基于多指标、多变量的综合分析技术和方法。理论上，多准则决策问题可以分为三大类型：多属性决策(Multi-Attribute Decision Making, MADM)和多目标决策(Multi-Objective Decision Making, MODM)；个人决策和群体决策；确定性决策和不确定性决策。通常所用的多准则决策分类是根据决策目标的多少而分为多属性决策与多目标决策两大类，而多属性决策就是一般意义上的多准则决策，只存在一个决策目标，指的是在考虑多个指标、属性的情况下，选择最优备选方案或进行方案排序的决策问题。多属性决策是现代决策科学的一个重要组成部分，其理论和方法在工程、技术、经济、管理、军事等诸多领域中都有着广泛的应用。乡村发展评价的目的就在于定量计算各个乡村发展水平的综合指数，进而根据综合指数的大小对乡村发展水平进行高低排序，因此，乡村发展评价是一个典型的多属性决策过程，完全可以应用多准则决策的理论和方法。

通常，与常规的决策方法相比，多准则决策方法的特点和优势在于以下三个方面：

(1) 可进行多个方案的评判、排队和选优。这是多准则决策方法的本质特点和优势，也是其能够被应用到乡村发展评价中的关键。

(2) 应用多准则决策方法开展研究时，需要对每个影响指标的数值进行一系列的信息加工和提取，同时给各个指标的重要性赋以权重，这是多准则决策方法的显著特点和优势。权重不仅反映了各个指标的重要性，而且反映了决策者的喜好，同时具有主观和客观的双重性质，这就使多准则决策成为一个主客观有机统一的过程。

（3）参与评价的多个指标构成了一个决策判断矩阵，然后采用多种决策判别方法提取和组织信息，由此构建一个动态分析系统，进而借助现代计算技术快速完成信息的加工、提取和集成，从而得到最终的决策结果，这是多准则决策方法的又一重要特点和优势。多准则决策的根本目的在于得到决策结果，而决策结果建立在对多个指标进行综合集成的基础上，如何选择和应用相对最合适的指标集成方法是多准则决策的核心。

多准则决策方法通常包含六个基本要素：决策目标、决策者优先选择的评价标准（评价指标）、评价规则的集合、可供选择的决策方案集合、不可控制变量的集合、结果的集合。而在实际应用中，完成一次多准则决策分析一般需要具备四个基本要素：指标体系、指标分值、指标权重与指标合并。多准则决策方法的决策流程如图 2-1 所示。在同一个指标体系下，分值、权重和规则构成了多准则决策的三大要素。一般而言，在一个具体的问题分析过程中，通过“构建评价指标体系、对指标赋予分值、指标赋权、选择决策规则”即可完成一次多准则决策分析。

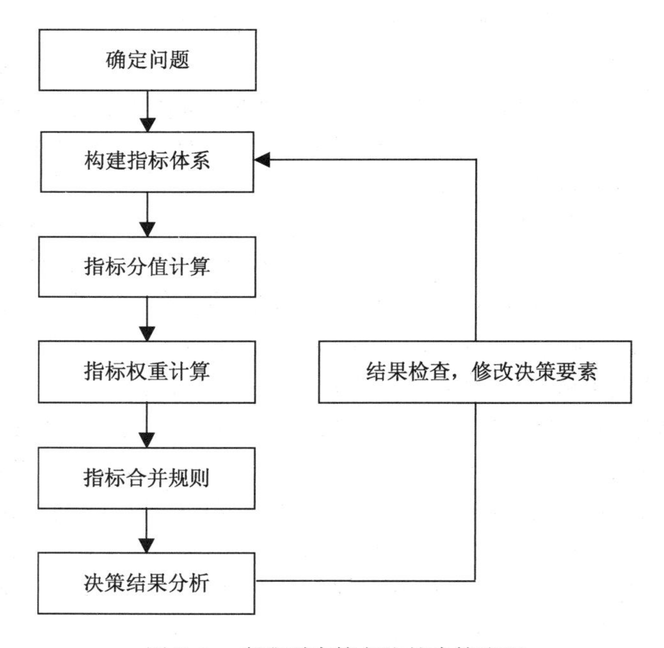

图 2-1　多准则决策方法的决策流程

多准则决策方法涉及大量的指标数据收集、存储、计算、管理和分析，同时还面临空间数据和非空间数据的集成计算问题，这样在客观上就需要一种能够实现海量数据管理与分析功能的现代信息技术及其相应工具。而地理信息系统（Geographic Information System，GIS）具有管理海量空间数据及其属性非空间数据的功能和强大的空间分析功能，其和多准则决策方法具有相互借鉴、吸收、整合、集成的契合点，因此将 GIS 技术与多准则决策方法有机统一起来具有必然性。事实上，基于 GIS 的多准则决策方法是空间规划决策和管理领域中最有用的方法之一，已经得到了大量的实践应用，是一个成熟、稳定的决策技术。乡村发展评价既涉及大量的数据管理和分析，又具有空间规划决策的性质和特点，因此，在乡村发展评价中引入和应用基于 GIS 的多准则决策方法在实践上是必要的，在技术上是可行的，必将提高评价的科学性、有效性和准确性，从而更好地为乡村发展决策提供支撑和依据。

2.2 评价指标体系

在多准则决策方法中，评价指标体系是描述、评价某种事物的可度量参数的集合，是对数据的一种抽象。乡村发展评价是对乡村经济、社会、自然生态等多种属性的高度概括和综合集成，是一项复杂的、具有宏观总体意义的评价工作，涉及乡村发展的方方面面。由于相关的评价指标种类较多、数量较大，难以用简单的单个或几个指标对其进行评价，因此必须建立一个能够反映乡村系统特点的，科学合理、重点突出、目标明确、简明实用的综合指标体系。指标体系是乡村发展评价的依据，要尽可能地体现评价目的和反映乡村发展的分异规律。具体而言，乡村发展评价指标体系要以乡村自然、经济、社会的特点来构建，在构建时应主要遵循以下原则：

（1）科学性原则。这是构建乡村发展评价指标体系的首要和根本性原则。指标的选取要建立在科学的基础之上，各项指标的概念要明确，具有一定的科学内涵和理论依据，能够较为客观、真实地反映乡村发展的水平和状态。

（2）综合性和统一性原则。综合性要求指标应该能够反映整个乡村发展的特征，要顾及乡村系统的各个重要部分。统一性是指同一指标的含义、口径范围、计算方法、计算时间等必须统一。

（3）系统性和层次性原则。乡村发展评价是一个具有多变量、多属性、多层次的复杂系统工程，因此要按照系统性和层次性原则，逐步分层次构建指标体系，建立包括目标层、约束层、准则层和指标层的综合指标体系。

（4）可操作性和可比性原则。可操作性是指选用的指标要有可靠的来源，应尽可能建立在现有统计体系的基础上，并确保数据的可获得性，建立的指标体系力求简明清晰，并易于操作与理解，具有代表性和典型性。可比性要求有两个含义：一是在不同乡村之间进行比较时，除了指标的口径、范围必须一致外，一般用均量指标或相对指标等进行比较，以体现公平性；二是在进行具体评价时，由于指标之间的单位量纲相差较大，不同类型的数据之间具有不可公度性，为了正确反映指标值的相对大小并防止大数“吞噬”小数的现象发生，必须对指标的标准化、归一化等方面进行处理，使数据在无量纲的条件下可比。

(5) 灵活性和动态性原则。指标体系作为一个有机整体是由多种因素综合作用的结果,在目标层、约束层相对固定不变的情况下,由于数据获取的限制等原因,在准则层和指标层可保持一定的灵活性,为增加、减少或改变某些单项指标提供“接口”。不同时期、不同地区的乡村发展面临的状况不同,当前建立的指标体系不可能是一成不变的,指标体系要随着乡村未来发展的情况进行适当调整,以使评价指标更符合时代特点。因此,指标体系要遵循动态性原则,要能综合反映乡村发展的不同区域特点和不同阶段特点,要能较好地描述、刻画与度量未来的发展趋势。

根据上述评价指标体系构建原则,结合国家关于乡村振兴的总体要求,乡村发展评价可以从自然环境、资源禀赋、居民点现状、区位交通、经济社会发展等准则出发建立一级指标;同时,再对一级指标进行细化,得到更为详细、可具体收集数据的二级指标,由此得到具体的、可定量计算的综合评价指标体系。总体来看,基于多准则决策的乡村发展评价指标体系构建具有“自上而下”的典型特征,充分考虑了乡村发展评价的对象、任务和目标,确定了乡村发展评价所需的功能指标和数据项目,具有较强的系统性、整体性、层次性和逻辑性,将能够全面、系统、客观地对乡村发展进行综合评价。

2.3 评价指标分值

指标分值更为常用的称谓是指标的标准化。在一个多准则决策问题中,指标体系中各准则数据的计量单位、度量尺度和数据性质一般不同,指标之间的取值范围相差也可能很大,这造成指标之间无法直接进行比较,也使决策无法进行。同时,指标值一般具有两种特点:一是正效应指标特点,即指标值越大越好;二是负效应指标特点,即指标值越小越好。因此,不经过特殊处理的评价指标不能直接进行相互比较。综上可知,当面对不同性质、不同单位的多重指标数据时,就需要一种使所有指标转换成可以统一比较的数值的方法,此即指标数据的标准化。数据标准化就是采用一定的数学变换方法来消除原始指标量纲的影响,使原始数据值转换成一种统一的计量尺度,从而消除不同的量纲差异所带来的不可比性,使不同性质的数据具有可比性,这样得到的标准化的指标数据值可被称为指标分值。经过标准化处理后的数据具有同向性的特点,即指标分值越大,指标属性质量越好。

指标数据标准化处理有线性标准化方法和非线性标准化方法两大类,但应本着遵循简易性的原则,能够用线性方法的就不用非线性方法(如折线型标准化方法或曲线型标准化方法)。非线性标准化方法并不是在任何情况下都比线性标准化方法精确,同时非线性标准化方法中的参数选择又有一定的难度,因而线性标准化方法是最基本、最常用的方法。通过线性标准化方法把原始指标值转化成 0 至 1 之间的数值,从而得到指标数据的标准化值,即指标分值。

指标数据标准化要根据客观事物的特征及所选用的分析方法确定。一方面要尽量客观地反映指标实际值与事物综合发展水平间的对应关系,另一方面要符合统计分析的基本要求。同时,不同的评价目的对数据标准化方法的选择也会不同。如果评价是为了排序和选优,而不需要对评价对象之间的差距进行深入分析,那么无论是什么标准化方法都不会对评价结果产生影响。这意味着以排序和选优为主的综合评价对标准化方法是不敏感的,也可以说多准则决策对数据标准化方法不敏感。乡村发展评价是建立在对乡村自然、经济、社会进行综合评价基础上的多准则决策,其分析结果是对乡村发展综合指数进行比较和排序。因此,可以应用常用的线性标准化方法。

在线性标准化方法中,极差标准化方法具有广泛的适用性,对指标数据的个数和分布状况没有特殊要求,而且转化后的数据都在 0 至 1 之间,这非常便于做进一步的数学处理。因此,乡村发展评价指标分值计算采用极差标准化法,具体如下:

(1) 正效应指标

正效应指标值越大,表示乡村发展水平越高或越有利于乡村发展,其计算公式为

$$x_i = \frac{x - x_{\min}}{x_{\max} - x_{\min}} \tag{2-1}$$

(2) 负效应指标

负效应指标值越大,表示乡村发展水平越低或越不利于乡村发展,其计算公式为

$$x_i = \frac{x_{\max} - x}{x_{\max} - x_{\min}} \tag{2-2}$$

式中:x_i是指标的标准化结果值;x 是原始指标值;$x_{\max}$是原始指标中的最大值;$x_{\min}$是原始指标中的最小值。

标准化后的数据都是没有单位的纯数值,最大值为 1,最小值为 0,所有数值都在 0 至 1 之间。

2.4 评价指标权重

权重反映了在相同目标约束下各个指标的相对重要性和决策者的决策偏好,反映了指标之间相互影响、相互制约的复杂关系。权重值越大,表示指标对决策的影响程度或重要性越大。在多准则决策分析中,科学合理地确定指标权重是决策结果是否准确、可行的关键问题之一,也是所有的综合评价研究必须面对的一个基本问题。在相同的指标体系下,不同的指

标权重会得到不同的结果，而且结果可能会相差很大。因此，指标权重计算具有重要地位，也是相关研究的热点和难点。乡村发展评价中涉及较多的指标，而在对指标分值进行综合时必然要解决指标权重问题。为了得到更为准确的测度结果，在进行指标权重计算时要尽可能减少人为因素所造成的误差，从而使指标权重最大限度地反映各项指标之间真实的相对关系。

总体来看，权重计算方法可分为主观赋权法和客观赋权法两大类。主观赋权法是决策者根据自己的经验、直觉和偏好对指标进行赋权，常用的有排序法、层次分析法、自定义法等。客观赋权法利用评价指标数据本身的特点得到指标权重，这种特点包括指标数据本身的差异程度，以及这种差异对评价对象比较作用的大小。根据求解指标差异方法的不同，目前常用的客观赋权法包括主成分分析法、熵值法、变异系数法等。相对于主观赋权法，客观赋权法可以有效排除决策者主观随意性的干扰，具有较强的优势。目前，常用的指标权重计算方法有排序法、层次分析法、熵权法等，下面分别对其计算方法进行介绍。

2.4.1 排序法

排序法是最简单的权重确定方法，其优点在于简单、易用，缺点是人为主观因素较大，而且易受到指标数量的影响，一般只适用于指标数较少（≤3个）的情况。排序法又可细分为三种方法，即求和法、倒数法和指数法，其中求和法最为常用，计算公式为

$$W_j = \frac{n - r_j + 1}{\sum (n - r_k + 1)} \tag{2-3}$$

式中：W_j为第 j 个变量的标准化权重；n 为总变量数；r_j和 r_k分别为第 j 个和第 k 个变量的排序值；分子表示每个变量的权重；分母表示所有变量的权重之和。

2.4.2 层次分析法

层次分析（Analytical Hierarchy Process, AHP）法是美国运筹学家萨迪（T. L. Saaty）在 20 世纪 70 年代提出的一种定性和定量相结合的分析方法，较适合处理那些难以量化的多目标、多层次的复杂问题，较好地体现了系统工程学定性与定量分析相结合的思想。AHP 法的主要特征是，它合理地将人们对复杂问题的求解过程按照思维、心理的规律层次化、数字化，把以人的主观判断为主的定性分析定量化，将各种判断要素之间的差异数值化，帮助人们保持思维过程的一致性，为复杂问题的分析、评价、优选提供科学的定量决策依据。AHP 法以其定性与定量有机结合以及简洁灵

活、实用系统的优点，迅速在经济社会各个领域内得到广泛应用，是复杂问题决策和指标权重计算的重要理论和方法之一。

总体来看，AHP 法是一个较为成熟的权重计算方法，相关的研究和应用成果丰富。AHP 法的基本出发点是，在一般的决策问题中，针对某一目标，较难同时以数量来表示若干因素相对于目标的重要性，但它却可以对任意两个因素较容易地做出精确判断，并能给出相对重要性之比的数量关系。AHP 法计算权重的主要步骤如图 2-2 所示。

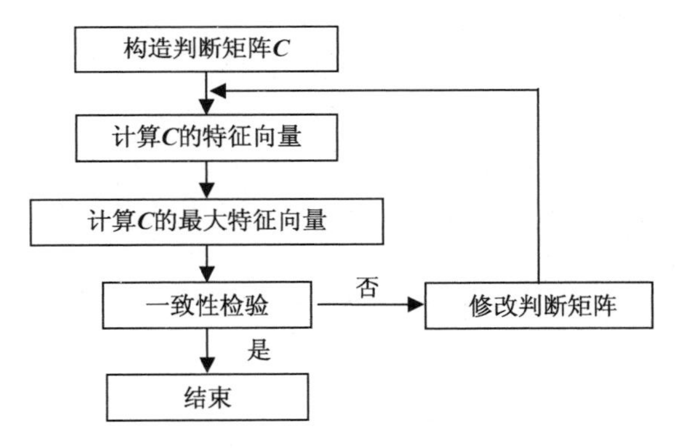

图 2-2　AHP 法计算权重的主要步骤

(1) 构造判断矩阵

AHP 法通常采用 1—9 标度分割法，即指标彼此之间的相对重要性程度可以被分成 9 个等级，从 1 到 9 其重要性程度依次递增(表 2-1)。通过对任意两个因素的相对重要性之比做出判断，给予量化并写成矩阵形式，得到判断矩阵 $\boldsymbol{C}$。

表 2-1　AHP 法的 1—9 标度法判断规则

标度	定义(比较因素 i 与 j)
1	因素 i 和 j 一样重要
3	因素 i 比 j 稍微重要
5	因素 i 比 j 较强重要
7	因素 i 比 j 强烈重要
9	因素 i 比 j 绝对重要
2,4,6,8	两相邻判断的中间值
倒数	比较因素 j 与 i 时

(2) 求判断矩阵 $\boldsymbol{C}$ 的最大特征值及特征向量

在求解判断矩阵 $\boldsymbol{C}$ 的特征方程时，其最大特征值为 λ_{max}，对应 λ_{max} 的标准化特征向量为指标的权重。由于通常不可能对指标之间的相对重要性之比做出绝对精确的判断，而 AHP 法求出的权重实际上仅是表达某种定性的概念，所以一般并不需要很高的精度，可利用一些简便的近似解法来

求解特征向量(权重)及最大特征值,如方根法、和积法与幂法。假设有 n 个指标,以方根法为例,具体计算过程如下:

① 计算判断矩阵 $\boldsymbol{C}$ 每行元素乘积的 n 次方根,即

$$\overline{A_i} = \sqrt[n]{\prod_{j=1}^{n} c_{ij}} \quad (i = 1,2,\cdots,n) \tag{2-4}$$

② 对向量 $\overline{\boldsymbol{A}}=(\overline{A}_1,\overline{A}_2,\cdots,\overline{A}_n)^T$ 做正规化、归一化处理,即

$$A_i = \frac{\overline{A_i}}{\sum_{i=1}^{n} \overline{A_i}} \quad (i = 1,2,\cdots,n) \tag{2-5}$$

则 $\boldsymbol{A}=(A_1,A_2,\cdots,A_n)^T$ 为所求的对应于最大特征值的特征向量。

③ 求最大特征值

$$\lambda_{\max} = \sum_{i=1}^{n} \frac{(\boldsymbol{CA})_i}{nA_i} \tag{2-6}$$

(3) 一致性检验

AHP 法的最大优点在于其将决策者的定性思维定量化,但是在决策过程中必须保持思维的一致性,因此在 AHP 法使用中还要进行一致性检验,用以检验在因素两两比较过程中对重要性的判断标准是否前后一致,判断矩阵是否具有逻辑上的一致性。一般在 AHP 法中引入判断矩阵最大特征值以外的其余特征根的负平均值 CI 作为度量判断矩阵偏离一致性的指标。

$$CI = \frac{\lambda_{\max} - n}{n - 1} \tag{2-7}$$

当判断矩阵具有完全一致性时,$CI=0$,CI 愈大,矩阵一致性愈差。为了度量具有不同阶数的判断矩阵是否具有满意的一致性,还需要引进平均随机一致性指标 RI。RI 是用随机方法构造 500 个样本矩阵,分别对 3—9 阶各 500 个随机样本矩阵计算 CI 而得到的平均值。萨迪(Saaty)给出了 3—9 阶判断矩阵的 RI,具体如表 2-2 所示。

表 2-2 RI 标准

阶数	3	4	5	6	7	8	9
RI	0.58	0.90	1.12	1.24	1.32	1.41	1.45

因为 1 阶、2 阶判断矩阵总是具有完全的一致性,所以表 2-2 中没有 1 阶、2 阶判断矩阵的 RI 值。而当阶数>2 时,将 CI 与 RI 之比称为随机一致性比率,记为 CR,即

$$CR = \frac{CI}{RI} \tag{2-8}$$

当 $CR<0.10$ 时，可以认为判断矩阵具有较为满意的一致性，所得到的标准化特征向量即指标的权重。当 $CR>0.10$ 时，则表示在两两比较中存在较大的不一致性，在重要性判断中存在较明显的自相矛盾，此时需要重新进行相对重要性的两两比较以调整判断矩阵，直至具有满意的一致性为止。同时由数学理论还可证明，对判断矩阵的微小扰动，计算出的特征向量也仅有微小变化，即用特征向量作为权重不仅合理，而且具有良好的稳定性。有关 AHP 法更为详细的原理和方法可参考相关文献，此处不再赘述。

2.4.3 熵权法

熵本是一个热力学概念，用来表示任何一种能量在空间中分布的均匀程度，能量分布得越均匀，熵就越大。简而言之，熵指的是系统混乱的程度。在不同的学科领域中，熵被引申出更为具体的定义，成为一个重要的研究参量。现代信息论的创始人克劳德·艾尔伍德·香农(Claud Elwood Shannon)第一次将熵的概念引入信息论中，并将信息定义为“用来消除不确定性的东西”，而熵则表示“不确定性”的度量，是一个建立在概率统计模型上的信息度量。信息熵一经提出，就在工程技术、社会经济等领域得到比较广泛的应用。

信息熵具有热力学熵的基本性质(单值性、可加性和极值性)，但同时又是一个独立于热力学熵的概念，并且具有更为广泛和普遍的意义，所以被称为广义熵，是熵概念和熵理论在非热力学领域泛化应用的一个基本概念。基于信息熵的熵权法是一种客观赋权方法，其基本原理为：根据各指标值的变异程度，利用信息熵来计算各指标的熵权并以此作为指标权重，或者再利用各指标的熵权对通过主观赋权法得到的指标权重进行修正，从而得到更为客观、精确的权重计算结果。

根据信息论的基本原理，信息是系统有序程度的一个度量，熵是系统无序程度的一个度量。如果某个指标的信息熵 e 越小，说明其指标值的变异程度越大，提供的信息量越多，在综合评价中该指标所起到的作用越大，其权重也应该越大；如果某个指标的信息熵 e 越大，说明其指标值的变异程度越小，提供的信息量越少，在综合评价中所起到的作用越小，其权重也应该越小。

设有 m 个参评对象，n 个指标，对原始数据进行标准化后得到标准化数据 r_{ij}，则应用熵权法计算指标权重的步骤如下：

步骤 1，计算第 j 个指标下第 i 个对象的指标值的比重 p_{ij}。

$$p_{ij}=\frac{r_{ij}}{\sum_{i=1}^{m} r_{ij}} \tag{2-9}$$

步骤 2，计算第 j 个指标的信息熵 e_j。

$$e_j = -k\sum_{i=1}^{m} p_{ij} \cdot \ln p_{ij} \tag{2-10}$$

式中：k 为熵的最大值的倒数，即

$$k = \frac{1}{e_{\max}} = \frac{1}{\ln m} \tag{2-11}$$

步骤 3，计算第 j 个指标的熵权 w_j。

$$w_j = \frac{1-e_j}{\sum_{j=1}^{n}(1-e_j)} \tag{2-12}$$

此时，即可用熵权 w_j 作为每个指标的权重计算结果。如果已经用主观赋权法（如 AHP 法）计算得到了每个指标的权重 w_{j-AHP}，则此时可以用熵权 w_j 对其进行修正，以尽可能消除人为主观因素对计算精度的不利影响，从而获得更为精确的权重计算结果。经过熵权修正后的指标 j 的最终权重 W_j 为

$$W_j = \frac{w_{(j-AHP)}w_j}{\sum_{j=1}^{n} w_{(j-AHP)}w_j} \tag{2-13}$$

根据上述熵权法的计算过程可知，熵权法完全基于指标数据本身的变异特点进行计算，在计算过程中没有人为主观因素的影响。这相对于主观赋权法而言计算精度更高，客观性更强，而且能够更好地解释所得到的结果。因此，熵权法可被用于任何需要计算权重的研究中，同时也可结合主观赋权法共同使用，由此能更好地满足研究需要。

乡村发展评价涉及众多的属性指标，本书将综合采用上述权重计算方法。对于指标数量较少且容易判断重要性的采用排序法，对于指标数量较多但易于判断两两重要性的采用 AHP 法，而对于指标数量较多且不易判断两两重要性的则采用熵权法，由此使权重计算尽可能科学合理，从而保证得到更为精确的结果。

2.5 评价指标合并

在多准则决策分析的四个基本要素中，最后一个要素是指标合并。指标合并是指在得到指标体系、指标分值和指标权重后，紧接着采用一定的数学模型把这些指标所代表的信息有机整合起来，使之成为一个浓缩了多个指标信息的综合单一指标，而且能够通过这个综合指标进行备选方案的优劣排序，从而选出相对最优的方案。简而言之，多准则决策分析的指标合并也就是要构建一个综合评价模型，并用该模型获得最终的决策结果。这个综合评价模型也就是指标合并规则，其是对指标分值、权重进行综合的程序或约束，由此集中指标数据的信息和决策者的决策偏好，从而形成

总的决策结果。对于乡村发展评价来说，运用指标合并规则将得到反映乡村发展水平的综合指数。

2.5.1 线性加权和法

目前常用的指标合并方法有多种，例如线性加权和法（Weighted Linear Combination, WLC）、理想点法、调和法等，其中，线性加权和法是最常用、最基本的多准则决策的指标合并方法，也是目前所广泛应用的一类系统评价和结构优化方法。线性加权和法体现的是自然界中基本要素综合作用的普遍规律，即组成某个现象的基本要素对该现象的贡献率是不同的。该方法具有过程简单、易于理解的优点，便于开展横向和纵向的对比分析。同时，该方法也是结合 GIS 进行多准则决策分析中使用最多、最广的决策规则。线性加权和法可以直接通过 GIS 的空间叠加功能实现，这为各种空间分析提供了极大方便，这也是其在各种空间分析领域中被广泛使用的原因之一。

设有 m 个参评对象，n 个评价指标，则线性加权和法的数学表达式为

$$A_i = \sum_{j=1}^{n} w_j x_{ij} \tag{2-14}$$

式中：A_i 为第 i 个参评对象的综合得分，其大小直接反映了综合评价的结果；w_j 为第 j 个指标的权重；x_{ij} 为第 i 个参评对象中第 j 个指标下的标准化分值；$i=1,2,\cdots,m$；$j=1,2,\cdots,n$。

对所得到的所有对象得分进行排序，A_i 越大，则表明评价对象的水平、质量越高，反之则越低。对应于乡村发展来说，A_i 越大，乡村的发展水平越高，实现乡村振兴的潜力和能力也就越大。

2.5.2 投影寻踪方法

虽然线性加权和法得到了广泛应用，但其作为一个传统方法仍存在权重难以确定的问题。排序法计算权重限制较多；层次分析法难以避免人为主观判断的偏差；熵权法虽然是建立在数据本身变异特点基础上的客观赋权法，但在指标值的变动较小或者指标个数大于评价对象个数的时候，会常出现各个指标权重平均化的现象，由此导致其应用也存在局限性。为了更加客观、全面地进行评价，指标数量将可能会增加，那么，随着指标个数的增加，传统的权重计算方法将面临极大的挑战。在乡村发展评价中，需要同时考虑多个甚至是大量指标，权重计算问题变得更加复杂。此时，评价指标数量大、维数高，使得分析评价方法特别是传统权重计算方法的应用面临很大困难，甚至无法应用，这就进一步导致无法再继续应用线性加权和法实现指标的综合集成。基于此，为了更加客观、精确地实现乡村发

展评价，有必要引入更加先进的数据处理方法——投影寻踪（Projection Pursuit，PP）方法。

作为一种新兴的、有价值的高维数据处理分析技术，PP 方法是统计学、应用数学和计算机技术的交叉学科，是当今数据分析处理、数据降维研究的前沿领域。PP 方法具有稳健性好、抗干扰性强、准确度高等优点，在经济社会多个领域（如优化控制、预测、模式识别、遥感分类、图像处理等）得到了广泛应用并取得了丰富成果。

总体来看，PP 方法是用来分析、处理高维非正态、非线性数据的一类稳健的先进方法，既可做探索性分析，又可做确定性分析。PP 方法的基本思想是把高维数据通过某种组合投影到低维子空间上，对于投影得到的构型，采用投影目标函数来描述投影所暴露出的评价对象集中同类的相似性与异类的差异性结构，寻找出使投影目标函数达到最优即最能反映原高维数据结构和特征的投影值，从而实现数据降维，达到研究与分析高维数据结构特征的目的。PP 方法的主要特点如下：

（1）PP 方法能成功克服高维数据的"维数祸根"所带来的严重困难，通过投影把数据分析建立在低维子空间上，可以排除与数据结构和特征无关的或关系很小的变量的干扰，从而发现数据在投影空间上的结构和特征。

（2）PP 方法用一维统计方法解决高维问题，通过投影将高维数据投影到一维子空间上，再对投影后的一维数据进行分析，比较不同一维投影的分析结果，找出最佳的投影方向。

PP 方法的关键在于找到观察数据结构的角度，这个角度是数学意义上的线维、平面维或整体维空间，将所有数据向这个空间维投影，得到完全由原始数据构成的低维特征量，从而揭示原始数据的结构特征。一般而言，PP 方法包括以下步骤：

（1）样本评价指标的标准化处理。设各指标值的样本集为 $\{x(i,j) \mid i=1,2,\cdots,n; j=1,2,\cdots,p\}$，其中 $x(i,j)$ 为第 i 个样本第 j 个指标值，n、p 分别为样本个数和指标数目。为了消除各指标的量纲和统一各指标值的变化范围，对于越大越好的正效应指标，采用公式（2-1）进行标准化处理；对于越小越好的负效应指标，采用公式（2-2）进行标准化处理。

（2）构造投影指标函数 $Q(a)$。PP 方法就是把 p 维数据 $\{x(i,j) \mid i=1,2,\cdots,n; j=1,2,\cdots,p\}$ 综合成以 $\boldsymbol{a}=[a(1),a(2),a(3),\cdots,a(p)]$ 为投影方向的一维投影值 $z(i)$：

$$z(i) = \sum_{j=1}^{p} \boldsymbol{a}(j)x(i,j) \tag{2-15}$$

然后，根据 $\{z(i) \mid i=1,2,\cdots,n\}$ 的一维散布图进行分类，式中 $\boldsymbol{a}$ 为单位长度向量。在综合投影指标值时，要求投影值 $z(i)$ 的散布特征为：局部投影点应尽可能密集，最好凝聚成若干个点团；而在整体上投影点团之间应尽可能散开，这样能够最大限度地暴露和揭示原始高维数据由差异性和

相似性构成的结构特征。因此,投影指标函数可以表达为

$$Q(a) = S_Z D_Z \tag{2-16}$$

式中:S_Z为投影值 $z(i)$的标准差;D_Z为投影值的局部密度,即

$$S_Z = \sqrt{\frac{\sum_{i=1}^{n}[z(i) - E(z)]^2}{n-1}} \tag{2-17}$$

$$D_Z = \sum_{i=1}^{n}\sum_{j=1}^{n}[R - r(i,j)]u[R - r(i,j)] \tag{2-18}$$

式中:$E(z)$为序列$\{z(i) \mid i=1,2,\cdots,n\}$的平均值;$R$ 为局部密度窗口半径,它的选择既要使包含在窗口内的投影点的平均个数不能太少,又不能使它随着 n 的增大而增加太多,R 可根据实验来确定,一般可取值 $0.1S_Z$;$r(i,j)$表示样本之间的距离,$r(i,j)=z(i)-z(j)$;$u(t)$为一单位阶跃函数,当 $t \geqslant 0$ 时,其值为 1,当 $t<0$ 时,其值为 0。

(3) 优化投影指标函数。当各指标值的样本集给定时,投影指标函数 $Q(a)$只随着投影方向 a 的变化而变化。不同的投影方向反映不同的数据结构特征,最佳投影方向就是最有可能暴露高维数据某类特征结构的投影方向,因此可以通过求解投影指标函数的最大化问题来求解最佳投影方向,即有下式:

$$\begin{aligned} &\text{Max:} Q(a) = S_Z D_Z \\ &\text{s.t.} \ \sum_{j=1}^{p} a^2(j) = 1 \end{aligned} \tag{2-19}$$

这是一个以$\{a(j) \mid j=1,2,\cdots,p\}$为优化变量的复杂非线性优化问题,既可以采用复合单纯形法进行求解,也可以采用模拟生物优胜劣汰与群体内部染色体信息交换机制的基于实数编码的加速遗传算法来解决其高维全局寻优问题,具体的方法可参见相关文献,此处不再赘述。这样,通过优化求解就可以得到最佳投影方向 $a(j)$,然后,再应用公式(2-15)计算得到评价对象的一维投影值 $z(i)$。此时的一维投影值也就是各个评价对象在所有评价指标上的综合得分,对其进行大小比较和排序就可以实现一次完整的综合评价。

综上可知,PP 方法具有显著的特点和优势。首先,在传统方法中,指标权重计算和指标合并是分开的,如采用层次分析法计算权重,再用线性加权和法实现指标合并,而 PP 方法则把指标权重计算和指标合并两个步骤有机集成在一个模型中,在方法体系上实现了优化。其次,最佳投影方向 $a(j)$实际反映了各个指标对系统差异的贡献大小以及对综合评价结果影响的重要程度,因此对 $a(j)$进行归一化后的结果即各个指标的权重,这就反映了 PP 方法具有更大的灵活性,其不仅可以得到一维投影值而实现综合评价,而且可以不计算一维投影值而只计算最佳投影方向,由此得到指标

权重并可以被应用到其他方面。基于此，PP 方法既可以是一种指标合并规则，也可以作为一种指标权重计算方法，具有较强的普适性和灵活性。

乡村发展评价必然涉及大量的指标数据，而不同的指标在进行综合时必须解决其权重问题，指标权重计算的科学性、客观性、合理性将极大地影响评价结果的有效性和准确性。因此，在传统的权重计算方法和指标合并规则基础上，有必要采用当前最新的科学计算模型和方法，以尽可能地逼近乡村复杂系统的客观本原。同时，乡村发展评价关系到乡村未来发展的战略走向和乡村振兴战略的实施路径，从主观和客观两个方面来说都需要更先进的技术方法来处理众多的指标数据，以便从中发现乡村系统的结构性特征，从而为乡村分类、整治和规划提供最大限度的科学决策支持。因此，在传统的技术方法基础上，本节引入了投影寻踪方法，以避免人为主观赋权、传统客观赋权与线性加权和法的不足，尽可能客观、公正地反映各个乡村的发展水平，从而使评价结果具有更高、更科学的指导意义和价值。

2.6 乡村分类方法

乡村按照行政管理的角度通常被分为自然村和行政村。其中，自然村是村民经过长时间聚居而自然形成的村落；行政村是乡镇政府管理的一个村级行政单位，一般由一个大一些或几个小一些的自然村组成。行政村是依据《中华人民共和国村民委员会组织法》设立的村民委员会进行村民自治的管理范围，是中国基层群众性自治单位。行政村建立村民委员会组织、建立党的支部委员会，而自然村则不建立。自然村隶属于行政村，受行政村村民委员会和村党支部委员会的管理和领导。基于此，乡村分类也可以相应地被分为行政村分类和自然村分类两种情况。需指出的是，在国家所要求的村庄分类工作中，村庄是指行政村。

2.6.1 行政村分类

根据国家乡村振兴战略要求，村庄被分为集聚提升类、城郊融合类、特色保护类和搬迁撤并类四类村庄，这为乡村振兴的分类施策奠定了基础。但应看到，目前关于如何划分四类村庄仍处于探索之中，并没有统一的技术规范和方法流程。因此，本节从乡村发展评价模型和方法的应用角度出发，尝试基于乡村发展评价结果划分四类村庄，由此为乡村振兴战略的实施和村庄规划的分类提供参考。具体而言，以行政村为评价基本单元，在得到其发展评价结果后，就可以根据乡村发展综合指数的大小和区间分布情况，并结合国家乡村振兴关于四类村庄的界定要求，把参评的乡村在理论上划分为集聚提升类、城郊融合类、特色保护类和搬迁撤并类四类村庄，具体方法如下：

首先，在四类村庄类型中，特色保护类是特殊类型，可以先将其划分出来。特色保护类村庄可以是历史文化名村、传统村落、少数民族特色村寨、特色景观旅游名村，是拥有历史文化、文物古迹、传统民居、特色风景旅游资源等特色要素和实体的村庄，简而言之就是自然与历史文化特色资源丰富的村庄，是彰显和传承优秀传统文化的重要载体，应优先予以保护。该类村庄是乡村特色文化和传统风貌的集中区，因此，不论其发展评价得到的指数大或小，只要拥有前述特色要素、资源和实体，均应将其划为特色保护类村庄。

其次，根据乡村发展评价所得到的综合指数的数据分布特点，将综合指数小于某个值（如 S，即发展水平低）的村庄划分为搬迁撤并类村庄。该类村庄的综合发展水平不理想，综合指数低或较低，各种发展要素水平一般或较低，在理论上可进行搬迁撤并，这样既能改善乡村人居环境，又能提高土地的节约集约利用效率。

最后，将综合指数大于某个值的村庄划分为集聚提升类村庄和城郊融合类村庄。这两类村庄都是具有较好发展水平的村庄，其区别在于城郊融合类村庄具有更好的区位条件，距离中心城区或乡镇政府所在地更近。基于此，城郊融合类村庄的划分应给定一个条件约束，如“距离中心城区 0—1 h 车行覆盖范围内”或“距离中心镇区 5 min 车行覆盖范围内”的村庄可以被划分为城郊融合类村庄，此时，其他的村庄就自然被划分为集聚提升类村庄。总体来看，这两类村庄的评价综合指数较大，乡村发展水平较高，发展规模较为成熟，人口、产业、资源等要素较为丰富，可以进行提档升级，继续壮大发展规模，加大乡村建设力度，由此在理论上将能率先实现乡村振兴。

综上，在乡村发展评价的基础上，根据评价得到的综合指数，再通过上述分类方法，就可以在理论上将行政村划分为集聚提升类村庄、城郊融合类村庄、特色保护类村庄、搬迁撤并类村庄四类，由此为乡村振兴战略的实施奠定基础。需要指出的是，国家相关政策文件明确提出村庄分类要充分尊重村民意见，特别是搬迁撤并类村庄的划分不得强制进行，一定要在充分尊重民意的基础上慎重进行。因此，上述基于乡村发展评价结果得到的分类是一个理论模型上的划分结果，其是否能够得到各个村庄、村民的同意和认可仍需要进行现状调查和村民意见征询，即需要进行实践检验和校核。

2.6.2 自然村分类

根据目前中国农村的现状，一个行政村包括若干个自然村。整体来看，自然村的数量大、分布广、规模大小不一，既有仅有个别住户的孤村（如在山区），也有拥有数百人口的大村（如在人口稠密的平原地区）。因此，也有必要对自然村进行集聚提升类、城郊融合类、特色保护类和搬迁撤并类等类别划分，这样可以把村庄分类工作做得更加接地气，从而为村庄布局优化提供更加精准的路径和方向。自然村具体的分类方法如下：

首先，要看自然村所在的行政村属于何种类型，这将是自然村分类的主导类型。例如，自然村所在的行政村为集聚提升型，则其下辖自然村的主导类型在理论上也应以集聚提升为主导类型。又如，当行政村被划分为搬迁撤并类时，此时其下辖的自然村在理论上也应为搬迁撤并类。需要指出的是，此时所依据的行政村类型不能是理论上的类型，一定要是经过村民征求意见并进行了实践校核后的最终分类。

其次，对自然村的发展现状进行客观、细致的分析，重点分析其人口构成和规模、用地构成和规模、历史文化等特色资源。对于拥有历史文化等特色资源的自然村，原则上应直接将其划分为特色保护类村庄。对于人口较少、空心化严重的自然村，原则上应将其划分为搬迁撤并类村庄。除了这两类以外的其他自然村可以被划分为集聚提升类村庄和城郊融合类村庄。

最后，对于根据上述理论划分的自然村分类结果，要进行细致的现场调研，充分征询村民委员会、村民关于自然村分类的意见和意愿，再与理论划分结果进行相互比较和校核，从而确定每个自然村的具体分类。

2.6.3　乡村分类的民意要求

乡村振兴战略是新时代“三农”工作的总抓手。中国共产党第十九次全国代表大会所提出的实施乡村振兴战略，符合农民需要，体现了农民利益，凸显了以人民为中心的立场。实施乡村振兴战略是一篇大文章，要统筹谋划，科学推进。要充分尊重广大农民意愿，高度重视广大农民在乡村振兴中的重要作用，调动广大农民的积极性、主动性、创造性，把广大农民对美好生活的向往化为推动乡村振兴的动力，把维护广大农民根本利益、促进广大农民共同富裕作为出发点和落脚点。因此，作为乡村振兴战略实施基础工作之一的乡村分类工作，必须要充分尊重村民的意愿和意见，必须将理论分析与村民的意见建议有机结合并统一起来，让乡村分类工作建立在最广泛的民意基础之上。

中国乡村建设实践证明，如果不能确保农民在建设过程中的主体性地位，那么关于农民发展的建设目标都很难获得农民认同，也就难以得到实现。因此，在实施乡村振兴战略的过程中，必须要充分尊重农民的主体性地位。首先，要充分尊重农民在经济活动中的主导地位，只有农民参与和主导的乡村振兴才是党和国家要真正振兴的乡村。其次，要充分尊重农民在乡村治理中的主体地位。村民自治是村民直接参与乡村治理的重要方式，也是乡村振兴的内生动力。要按照自我管理、自我教育、自我服务的基本要求，充分重视基层农民群体的话语权和参与权。

坚持农民的主体地位是乡村振兴战略的关键与核心。在推动乡村振兴战略实施的各项工作中，都必须要坚持农民的主体地位不动摇，都要始终把农民的切身利益摆在首位，绝不能以牺牲农民的利益来换取乡村的发展。乡村的发展与走向，要由居住于这个地方的人民群众来共同决定。尽管各地乡村的经济社会发展程度不同，人文风俗文化不同，地理区位优势不同，但都不影响乡村人民群众的主体地位。无论是发展产业，还是引进投资和项目合作，都不能忽视了农民这个重要群体，都要始终维护农民的核心利益。在实施乡村振兴战略过程中，任何一个环节都要始终坚持农民受益这一标准，从而确保乡村振兴战略的顺利实施。

乡村分类是乡村振兴战略实施的一个重要基础性工作，决定了未来村庄发展的目标和路径。基于此，乡村分类与布局优化工作既要对村庄发展进行综合评价，也要充分尊重村民的发展意愿，只有将两者有机统一起来，才能得到科学的分类结果。要坚持村民的主体地位，不得盲目撤并村庄和大拆大建，要坚决防止采用运动式、“大呼隆”的做法进行合村并居，由此使村庄分类与布局优化工作建立在坚实的民意基础之上。

需要指出的是，基于乡村发展评价得到的村庄类型划分结果仅是一种理论上的划分，是根据评价指标的定量集成分析而得到的结果。在乡村振兴的时代大背景下，村庄、村民的主观发展愿景仍是村庄分类与布局优化工作的一个基本支点，这也是国家关于村庄搬迁撤并、合村并居工作要尊重村民意愿的直接体现。因此，村庄分类与布局优化工作既要开展基于指标体系的定量评价，又要充分调研村庄和村民的发展愿景，由此实现主观客观的有机统一。更重要的是，这样做能让村庄分类与布局优化工作建立在更具民意的基础之上，进而能使村庄分类与布局优化结果更具有科学性与合理性，更具有可实施性和可操作性。

2.7 乡村居民点土地整治策略

2.7.1 整治需求

土地是人类赖以生活和生产的基础，土地利用问题是人类千百年来始终关注的核心问题。随着我国社会经济的发展和工业化、城市化进程的加快，城市土地的普遍集约利用与农村土地的普遍粗放利用形成鲜明对比，为此，农村土地整治这一概念和实践逐渐得到重视和推广。早在1997年，《中共中央 国务院关于进一步加强土地管理切实保护耕地的通知》（中发〔1997〕11号）就提出要“积极推进土地整理，搞好土地建设”，首次提出“土地整理”这一说法。1999年修订的《中华人民共和国土地管理法》明确规定“国家鼓励土地整理”。在这一政策背景下，我国现代意义上的土地整理与整治工作拉开序幕，并在全国各地迅速推行。

2004年，《国务院关于深化改革严格土地管理的决定》（国发〔2004〕28号）明确提出“鼓励农村建设用地整理，城镇建设用地增加要与农村建设用地减少相挂钩”。2005年，山东、天津、四川等省市成为全国首批增减挂钩试点城市，随后试点城市不断增加。随着土地整治与增减挂钩工作的开展，粗放利用的农村宅基地也逐渐成为土地整治与复垦的重点对象。总体来看，目前农村宅基地整治的需求非常大，产生这种现象的原因主要有以下两点：

首先，城镇化是农村人口转变为城镇人口、农村地域转变为城镇地域的过程，是经济社会发展的必然现象和过程，其实质是农村劳动力完成从传统产业向现代产业转移、从农村迁移到城市的过程。改革开放以来，我国城镇化快速发展，城镇化率迅速提高。特别是近年来，随着我国城镇化进程和城乡转型步伐的加快，农村人口非农化转移规模不断扩大，村庄“人走屋空”“外扩内空”和农村宅基地“建新不拆旧”等空心化现象日益严重，这带来了农村居民点土地资源浪费、人居环境破坏等问题。

其次，村级单元土地管理制度施行面临诸多阻碍，《中华人民共和国土地管理法》规定宅基地属于农民集体所有，一户农村村民只能拥有一处宅基地，且各地对每户宅基地的面积规模都进行了规定。但是，在具体实施时，一户多宅、面积超标等现象仍然存在，这也导致了农村居民点宅基地存在土地资源浪费的现象。

2.7.2 整治策略

农村土地整治通过对田、水、路、林、村实行综合整治、开发，对配置不当，利用不合理，以及分散、闲置、未被充分利用的农村居民点用地实施深度开发，由此提高土地集约利用率和产出率，改善生产、生活条件和生态环境，其实质是合理组织土地利用。农村土地整治包含多个方面，但本书仅针对当前农村居民点宅基地存在的土地资源浪费现象，提出并构建了具体的土地整治策略。总体来看，农村居民点宅基地整治策略可以划分为五个步骤。

(1) 现状分析

利用土地调查数据，对现状农村居民点宅基地的规模进行计算分析。对照相关宅基地面积标准要求，对农村现状宅基地的用地面积情况进行校核。用地面积没有超标，说明现状宅基地暂不需要整治；用地面积超标，说明现状宅基地用地存在浪费现象，需要进行整治，以便实现节约用地的目标。

(2) 整治潜力测算

当现状宅基地面积超标时，就可以进行宅基地的整治潜力测算，测算公式如下：

$$S = m(s_1 - s_2) \tag{2-20}$$

式中：S 为农村宅基地的整治潜力，即通过宅基地整治可以得到的富余土地资源；m 为农村居民点的户数；s_1 为现状农村宅基地户均面积；s_2 为农村宅基地户均面积标准。

进一步来看，为了更加全面、系统地测算整治潜力，可以进行情景分析，即用不同的宅基地户均面积标准进行测算，由此为整治决策提供备选方案。

(3) 整治区域划分

为了更加有针对性地进行农村居民点宅基地整治，应进一步明确不同等级的整治区域，通常可以将整治区域分为优先整治区域、重点整治区域、较重点整治区域和一般整治区域，这样就能为后续的整治工作提供先后次序。确定整治等级的公式具体如下：

$$L = f(s_1, S, d) \tag{2-21}$$

式中：L 为农村宅基地整治等级；s_1 为现状农村宅基地户均面积；S 为农村宅基地整治潜力；d 为通过乡村发展评价得到的综合指数；f 为决策规则，应根据具体情况具体分析来决定采取何种决策规则。

(4) 近期整治区域

优先整治区域和重点整治区域内的村庄通常为近期整治区域。但考虑到整治的资源投入效率和整治效果，对于这些近期要整治区域内的村庄也应分清主次、精准整治，避免面面俱到。具体而言，即要以通过村庄发展评价得到的综合指数作为约束条件来得到近期需要整治的村庄，即要把那些村庄综合指数小于其所在乡镇的村庄综合指数均值的村庄作为近期农村宅基地重点整治的区域，这样就能为农村土地整治工作提供明确的对象和路径。

(5) 实践校核

上述整治潜力测算、整治区域划分、近期整治区域均是理论上的分析和模拟，其作用在于可为某区域农村居民点的土地整治提供一个分析框架和理论上的整治总量与规模。在实践应用时，要结合前述经过现场调研和征询村民意见后的村庄分类结果进一步精确计算整治规模，具体公式如下：

$$S = \sum_{i=1}^{m} s_i - \sum_{j=1}^{n} s_j \tag{2-22}$$

式中：S 为农村居民点土地整治的实际潜力规模，即通过土地整治可以实际得到的富余土地资源；s_i 为第 i 个实际需要搬迁撤并的自然村（即经过调研并征得村民同意）的土地面积，共有 m 个搬迁撤并类自然村；s_j 为第 j 个安置区所需要的土地面积，共有 n 个安置区，即 m 个搬迁撤并类自然村要被安置到 n 个安置区内。

显然，实践校核的对象是那些被划分为搬迁撤并类的自然村，这些村庄被搬迁撤并后必将面临安置的问题。因此，首先计算搬迁撤并类自然村的面积也即可以腾挪出来的土地面积以及所需要的安置区面积，再计算两者之差即实际的土地整治潜力规模。

3 休宁县乡村发展评价

乡村发展评价是乡村振兴实施和村庄规划布局的前提和基础，只有全面、系统地进行了乡村发展评价，才能更好、更科学地进行乡村分类与整治。正由于评价在乡村在地振兴和乡村发展建设中的重要性和基础性，本章和第4章将以安徽省休宁县和来安县的乡村发展评价为案例，具体应用前述乡村发展评价的理论、模型和方法，从而实现对乡村发展的系统与综合评价，为乡村分类与整治奠定基础，进而为休宁县和来安县的乡村在地振兴提供科学的决策依据。

第2.5节给出了两种不同的评价指标综合集成方法，即传统的线性加权和法与投影寻踪方法，两种方法具有不同的原理和路径，各有特点。因此，有必要通过案例研究分别对这两种方法进行实践应用，这样既能给出两种方法的应用过程和特点，又可以为决策者提供两种不同的评价技术路径以供选择使用。

本章以休宁县为案例，利用传统的线性加权和法来获得最后的评价结果，而第4章的来安县乡村发展评价则应用投影寻踪方法来获得最后的评价结果，由此全面展示两种不同的评价技术方法，从而为乡村发展评价理论、方法与实践应用研究提供参考和借鉴。

3.1 休宁县概况

3.1.1 自然生态条件

休宁县隶属于安徽省黄山市，位于安徽省的最南端，处于东经117°39′—118°26′和北纬29°24′—30°02′，东与黄山市歙县、屯溪区接壤，东南与浙江省淳安县、开化县交界，西南与江西省婺源县毗连，西北与黄山市祁门县、黟县为邻，属古徽州“一府六县”之一。休宁县西起鹤城乡栗树尖，东止白际乡结竹营村以东的营川河西岸，长约79 km；南起岭南乡莲花峰，北止儒村乡里仁村东北的三县尖，宽约71 km，土地总面积达2 126.18 km²，是“交通枢纽重地、徽州文化宝地、休闲养生胜地、特色农业基地、宜居宜业福地”。

休宁县北窄南宽，略呈三角形，地貌以山地、丘陵为主，面积约占全县总面积的 76.70%。休宁县整体地势呈南北高、中间低，起伏较大，垂直高差明显。境内海拔最高处为 1 629.8 m 的六股尖，最低处为海拔 130 m 的梅林乡茶馆，相对高差约为 1 500 m。从中部、东部向南、西、北三个方向地势逐渐升高，进入中山、低山和高丘陵等不同的地貌单元。中山主要分布于县境南部和西部，构成皖、浙、赣三省的界山。山体除西端局部为近东西向外，其余均呈北东—南西向分布，组成物质为浅变质岩和花岗岩，海拔多在 1 000 m 左右，最高峰六股尖海拔为 1 629.8 m。县境北部也有零星中山分布，海拔高度已降至 800 m 左右，如鹦鹉尖海拔为 842 m，均由浅变质岩和石灰岩组成。中山山体为深切峡谷分割，地形切割深度为 400—1 040 m，山坡坡度为 42°左右，局部陡立，多为尖形山顶，谷底呈"V"形。尤其南部中山地面被切割得较为破碎，易引起严重的水土流失。

低山主要分布于县境中部、北部及中山内部山间盆地的边缘地带，山体多由浅变质岩、红色砂岩、砾岩和石灰岩组成。海拔多在 500 m 左右，少数山峰可达 700 m 以上，如金龙山海拔为 795 m、查山海拔为 761 m、阴公山海拔为 721 m。低山展布方向断续呈北东—南西延伸，为山间盆地和宽谷所隔。低山因受人为砍伐、毁林垦荒的影响，水土流失较为严重。高丘陵主要分布于县境东部率水和横江的沿岸以及山间盆地的边缘，海拔高度低于 400 m，主要由浅变质岩、红色砂岩、砾岩构成，其脉络尚且较为清楚，但延伸方向随沟谷方向而多变化。丘坡因长期受流水下切、侧蚀，发育了很多谷地。

休宁县的生态环境优良，气候适宜，自然资源和旅游资源丰富。全县地处亚热带季风气候区，四季分明，春秋短，夏冬长，年平均降水量为 1 910.5 mm，雨水充沛，云雾多，湿度大，夏洪秋旱，年平均气温为 16.5 ℃。山间盆谷小气候特点明显，呈冬暖夏凉之特色。休宁县的金属矿床均属小型，已发现的金属矿主要有金、锑、多金属、铅、锌、铜、钼、钨、磁铁、赤铁、铁锰、褐铁等，非金属矿主要有膨润土、瓷土、石煤、煤、磷、石灰岩、石英、氟石、白云石和砚石等。境内水资源丰富，有"一源两水三百河，七十水库五千塘"之说，是新安江、富春江和钱塘江的正源。在旅游资源上，国家级风景名胜区齐云山，东距县城约 15 km，有众多宫、观、道院、摩崖石刻、碑刻，为全国四大道教名山之一，是国家森林和地质公园。古镇万安为省级历史文化保护区，有三槐堂、汪由敦墓石刻、黄村进士第、戴震墓等省级重点文物保护单位。

3.1.2 经济社会条件

休宁县目前下辖 10 镇 11 乡(图 3-1)，包括海阳镇、齐云山镇、万安镇、五城镇、东临溪镇、蓝田镇、溪口镇、流口镇、汪村镇、商山镇、山斗乡、岭南乡、渭桥乡、板桥乡、陈霞乡、鹤城乡、源芳乡、榆村乡、龙田乡、璜尖乡和白际乡，共计拥有 153 个行政村(图 3-2)。2020 年末，休宁县户籍人口为

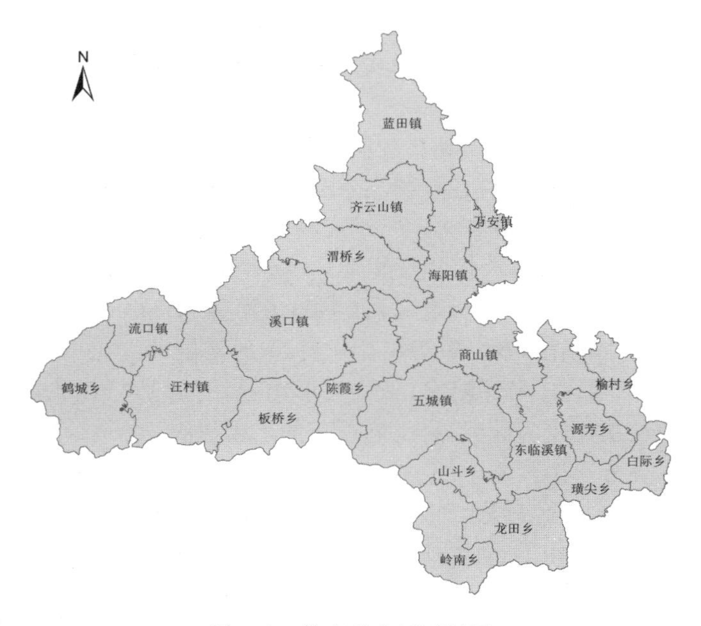

图 3-1　休宁县乡镇区划图

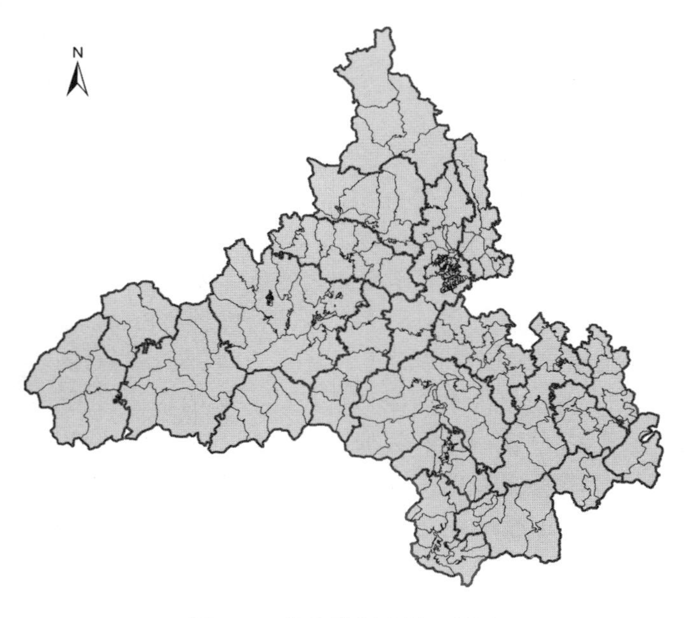

图 3-2　休宁县行政村区划图

26.74 万人。其中，城镇人口为 7.62 万人，占户籍人口的 28.5%；乡村人口为 19.12 万人，占户籍人口的 71.5%。在交通条件上，京福高铁、皖赣铁路、京台高速、黄浮高速、205 国道和 103 省道、220 省道、326 省道穿过县境，其交通区位条件优越。休宁县承东启西，贯穿南北，县城距黄山市中心城区约 18 km，地处通往黄山、皖南古村落宏村与西递、婺源江湾等著名景区的重要通道。

在经济发展上，2019 年休宁县实现生产总值 116.32 亿元，其中，第一产业产值为 15.12 亿元，第二产业产值为 45.9 亿元，第三产业产值为 55.30 亿元，三次产业结构的比重为 13.0∶39.5∶47.5。在新型城镇化发展上，溪口镇被列入全国重点镇，与齐云山镇同为全省十佳宜居宜业乡镇，海阳镇、五城镇、溪口镇、万安镇分别被评为省茶叶、茶干、汽配、罗经文化产业集群专业镇。随着美好乡村建设的快速推进，已经建成多个省级美好乡村示范村，胡开文墨店等古民居被列入省级徽派建筑保护项目，石屋坑等 12 个村落进入中国传统村落名录，徐源村获评中国最美村镇"牵手共建奖"，"路畅、景美、山绿、村靓、民富"的国家生态文明先行示范区逐步实现。

近年来，休宁县大力实施"整村推进"和"精准扶贫"政策，先后荣获"中国旅游百强县""全国科技进步先进县""国家林下经济示范基地""国家生态文明建设示范市县""中国休闲小城""全国十大生态产茶县""国家级出口食品(茶叶)农产品质量安全示范区""国家农业产业化示范基地"等殊荣。休宁县连续五年位列"安徽省科学发展先进县"行列，并荣获"安徽省第一批省级生态县""安徽省扶贫开发工作先进县""安徽省知识产权工作示范县"等称号。黄村被列入"中国历史文化名村"，万安老街被列为"中国历史文化名街"。总体来看，休宁县产业转型升级较快，城乡面貌变化显著，人民群众受益增多，在科技、文化、教育、医疗、体育等社会公共设施和公共服务体系建设上也取得了显著进步，这为休宁县的和谐稳定发展和乡村振兴战略的全面实施奠定了坚实的经济与社会基础。

3.2 评价指标体系

3.2.1 指标体系构建

根据多准则决策方法，本节从指标体系的系统性、可比性以及数据的可获得性出发，并紧密结合休宁县乡村的实际发展情况，构建休宁县乡村发展评价指标体系，具体包括目标层、准则层和指标层三级结构。其中，目标层为评价的结果，即休宁县乡村发展综合指数；准则层是对目标层的进一步细化，具体包括了自然条件、经济社会、基础支撑三个准则；指标层则是准则层的具体指标表现，是在准则层的基础上根据休宁县的特点以及数据的可得性进行的指标选择和确立，共计包括了九个评价指标。具体的休宁县乡村发展评价指标体系如表 3-1 所示。

表 3-1　休宁县乡村发展评价指标体系

目标层	准则层	指标层
	自然条件	高程
		坡度

续表 3-1

目标层	准则层	指标层
休宁县乡村发展综合指数	经济社会	人口规模
		用地规模
		外出务工人口占比
		集体收入
		人均收入
休宁县乡村发展综合指数	基础支撑	公共设施数量
		道路长度

由于数据的可获得性原因，休宁县乡村发展评价指标体系的指标数量相对较少，准则层从自然条件、经济社会、基础支撑三个方面反映了乡村发展的实际状态和水平。自然条件包括高程和坡度两个最基本的指标，反映了乡村发展所处的基本地理条件，高程越大、坡度越大越不利于乡村发展，因此高程、坡度都是负向指标。经济社会包括了人口规模、用地规模、外出务工人口占比、集体收入、人均收入五个指标，在能够获得数据的前提下，这五个指标基本反映了休宁县乡村发展的经济社会条件。其中，外出务工人口占比值越高，说明乡村自身的发展条件和吸引力越低，越不利于发展，因此是负向指标；其他四个指标则都是正向指标，值越高表明其越利于乡村发展或乡村发展的水平越高。基础支撑是支撑乡村发展的公共设施和交通设施的数量和条件，其值越高表明乡村发展的基础条件越好，越有利于发展，公共设施数量、道路长度等基础设施指标都是正向指标。

3.2.2 数据处理

休宁县乡村发展评价所使用的数据主要包括空间数据和非空间属性数据两大类。空间数据包括数字高程模型数据、行政区划图、交通图等，非空间属性数据主要是休宁县经济社会统计数据。同时，还要收集休宁县城市总体规划、土地利用总体规划、各个乡镇的总体规划和土地利用总体规划、已经编制的村庄规划等相关规划数据。

首先，要对指标数据进行标准化处理。由于各个指标的单位和量纲不同，为了消除指标的量纲差异以及使指标数据保持逻辑的一致性，需要对指标进行标准化处理，具体应用极差标准化方法。在休宁县乡村发展评价的九个指标中，高程、坡度、外出务工人口占比三个指标为负向指标，其余指标皆为正向指标。对于正向指标，采用公式(2-1)进行处理；对于负向指标，采用公式(2-2)进行处理。

其次，在指标权重的计算上，由于休宁县的评价指标较少，利用常规的排序法、层次分析法即能有效解决这一问题。具体而言，在自然条件和基础支撑准则下，均有两个指标，可以利用排序法来计算指标权重。而经济社会准则包括五个指标，可以应用层次分析法来计算指标权重。在得到指标层的权重后，再利用常规的线性加权和法法则分别得到自然条件、经济社会、基础支撑三个准则的标准化值。由于准则层仅有三个指标，指标数量相对也较少，因此可以应用排序法来计算其权重。

最后，再次利用线性加权和法对三个准则层指标进行集成和综合，由此得到休宁县乡村发展评价的结果，即反映各个乡村发展水平的综合指数。休宁县由于共计 153 个行政村，则将有 153 个评价单元；评价结果最终将得到 153 个行政村的乡村发展综合指数，由此为休宁县乡村振兴战略的实施和乡村发展建设决策提供客观、理性的依据和支撑。

3.3 评价结果分析

3.3.1 指标层评价结果

休宁县乡村发展评价共计九个具体指标，这些指标反映了休宁县乡村的自然、经济、社会的发展水平和状态，有必要在地理信息系统软件(ArcGIS)平台上对其进行逐个分析，由此获得对休宁县乡村发展的总体认识。

(1) 高程

在 ArcGIS 中，利用其空间分析模块和休宁县的数字高程模型，计算各个行政村的平均高程并进行可视化表达，结果如图 3-3 所示。在具体的平均高程值上，各行政村的最小值为 133.243 7 m，最大值为 819.789 2 m，平均值为 346.960 6 m。总体来看，休宁县域南部村庄的平均高程值较大，县域北部村庄的平均高程值次之，县域中部村庄的平均高程值最小，形成“南高、中低、北中”的空间分布形态。

(2) 坡度

利用休宁县的数字高程模型，在 ArcGIS 中利用其空间分析模块计算得到休宁县的地形坡度图，进而再计算得到各个行政村的平均坡度值，结果如图 3-4 所示。在平均坡度值上，各行政村的最小值为 2.09°，最大值为 31.07°，平均值为 16.71°，显然，休宁县的地形起伏较大。在空间分布格局上，县域南部边界地区和县域北部边界地区各个村庄坡度的平均值较大，特别是南部边界地区的村庄构成了集中连片的平均坡度高值区。相比之下，县域中部各个乡镇村庄的坡度平均值较小。总体来看，村庄的平均坡度值从南向北形成了较为明显的“两边高，中间低”的分布形态。

(3) 人口规模

人是乡村发展建设的主体，是经济社会的核心，人口规模直接反映了乡村的活力和潜力，是衡量乡村发展水平的重要指标。利用休宁县人口统计调查数据和 ArcGIS 的空间分析模块，计算得到各个行政村的人口规

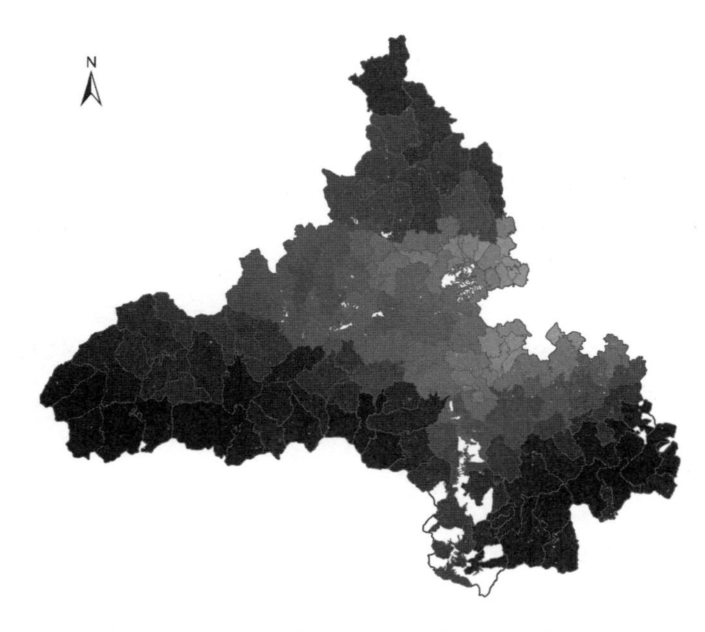

图 3-3　休宁县村庄高程空间分析图

注:颜色由浅到深表明指标值由小到大;空白区域为林场,不参加评价。图 3-4 至图 3-16 同。

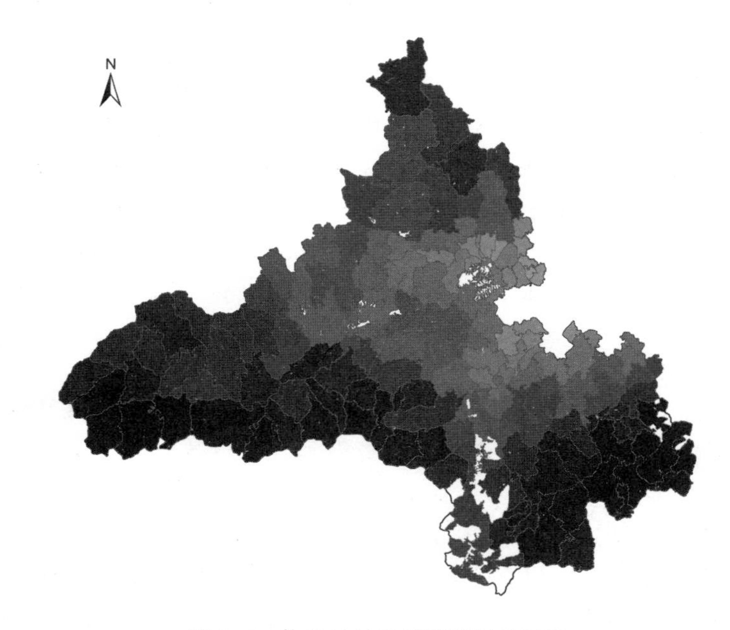

图 3-4　休宁县村庄坡度空间分析图

模,结果如图 3-5 所示。总体来看,休宁县乡村人口规模在空间形成了两大集聚区:一是县域中部的溪口镇、陈霞乡、海阳镇、商山镇部分村庄的人口规模较大,构成了县域东西向的乡村人口集聚带;二是县域北部的蓝田镇、齐云山镇和万安镇部分村庄的人口规模也较大,构成了第二个乡村人口集聚区。除了这两大集聚区以外,其他村庄的人口规模大小不一,呈现随机性的分布状态。

（4）用地规模

乡村用地规模反映了乡村拥有土地资源的丰富程度，其与人口规模一起构成了乡村“人—地”复合系统的两大基本要素。利用休宁县土地利用调查数据和 ArcGIS 的空间分析模块，计算得到各个行政村的用地面积，结果如图 3-6 所示。总体来看，休宁县乡村用地规模在空间上形成了四个

图 3-5　休宁县村庄人口规模空间分析图

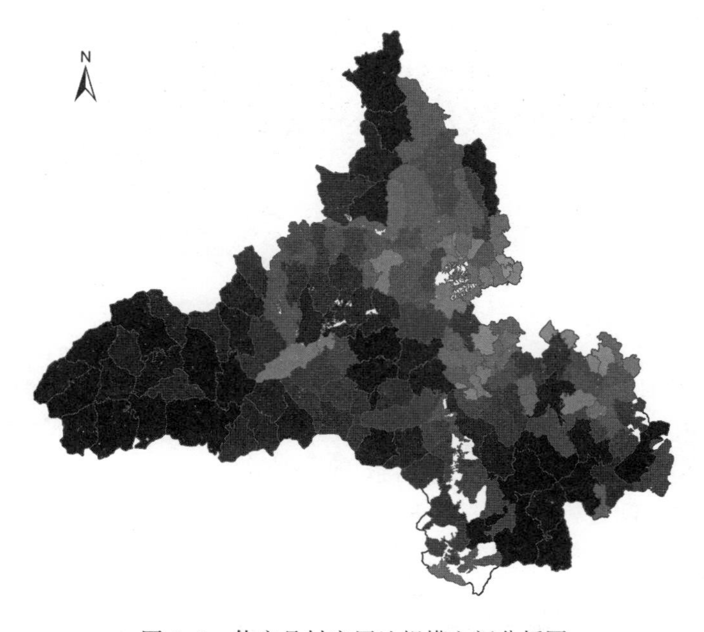

图 3-6　休宁县村庄用地规模空间分析图

集聚区：一是县域中部的陈霞乡、海阳镇、五城镇的部分村庄构成了一个高值集聚区；二是县域西部的流口镇、汪村镇、鹤城乡的大部分村庄构成了县域面积最大的高值集聚区；三是县域东南的龙田乡、璜尖乡、东临溪镇的部分村庄相互集聚，构成了一个高值区；四是县域北部的蓝田镇、齐云山镇的西部地区的村庄相互联结构成了一个带状的高值区。除此之外，其他村庄的用地规模大小不一，呈现随机性的分布状态。

（5）外出务工人口占比

村庄的外出务工人口占比反映了乡村对人口的吸引和集聚能力，显然，如果乡村产业发展水平好，其外出务工的人口则相对较少。因此，该指标值越大，说明乡村的发展水平越不理想。利用休宁县的人口数据和ArcGIS的空间分析模块，计算得到各个行政村的外出务工人口占比，结果如图3-7所示。总体来看，休宁县外出务工人口占比较高的有两大地区：一是县域南部的板桥乡和陈霞乡；二是县域东南部的山斗乡、岭南乡、源芳乡、榆村乡、龙田乡、璜尖乡和白际乡。除此之外，其他乡镇的该指标值大小不一，呈现随机性的分布状态。

图3-7　休宁县村庄外出务工人口占比空间分析图

（6）集体收入

村庄的集体收入反映了乡村的经济发展水平，指标值越大，说明乡村的经济基础越好，发展的潜力也越大。利用休宁县的相关统计数据和ArcGIS的空间分析模块，统计得到各个行政村的集体收入，结果如图3-8所示。总体来看，休宁县村庄集体收入较高的主要集中在海阳镇、东临溪镇、商山镇、五城镇、蓝田镇、汪村镇的部分村庄，其他乡镇的指标值则均较低，这也从总体上反映了休宁县乡村经济发展的空间仍较大。

（7）人均收入

村庄的人均收入从个体层面反映了乡村的经济社会发展水平，指标值越大，说明乡村的经济基础也越好。利用休宁县的相关统计数据和ArcGIS的空间分析模块，统计得到各个行政村的人均收入，结果如图3-9所示。总体来看，休宁县村庄人均收入高值区在空间上形成了一条明显的南北向的集聚带，自北向南包括蓝田镇、齐云山镇、万安镇、海阳镇、商山

图3-8　休宁县村庄集体收入空间分析图

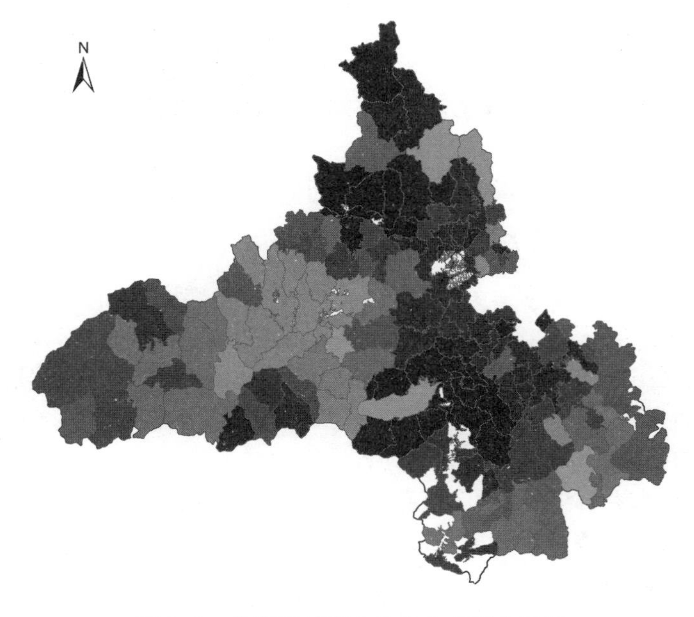

图3-9　休宁县村庄人均收入空间分析图

镇、五城镇和东临溪镇的部分村庄。从县域整体来看，休宁县西部各乡镇村庄的人均收入指标值均较低，而东部地区则相对较高，“东高西低”的态势较为显著。

（8）公共设施数量

村庄的公共设施包括教育、卫生、文体、污水、垃圾等公共服务设施和基础设施，是村庄发展水平的重要反映，显然，公共设施的数量越多，说明村庄的发展条件越好。利用休宁县的相关统计数据和 ArcGIS 的空间分析模块，统计得到各个行政村的公共设施数量，结果如图 3-10 所示。总体来看，休宁县村庄公共设施指标值大小不一，呈现随机分布的状态，并没有明显的集聚区。在具体的指标值上，各个村庄拥有公共设施数量的平均值为 2.78，表明休宁县村庄的公共设施配套水平较低，未来仍有较大的提升空间。

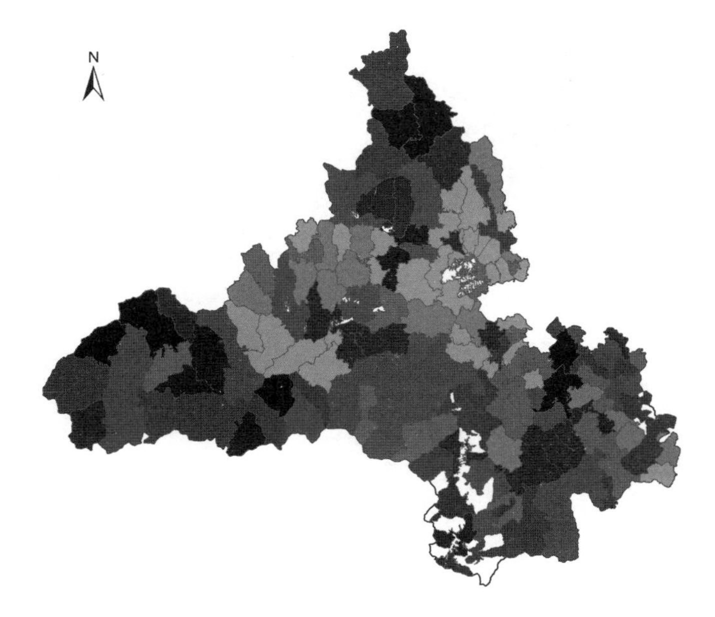

图 3-10　休宁县村庄公共设施数量空间分析图

（9）道路长度

道路长度指标是指每个行政村内部的各级各类道路的长度之和，主要包括乡道、县道、国道、省道和高速公路。道路长度指标值越高，说明村庄在区域交通格局中的地位越高，村庄的可达性和内外联系方便程度也相对较好，进而说明村庄的发展基础条件也越好。利用休宁县的交通数据和 ArcGIS 的空间分析模块，统计得到各个行政村的道路长度，结果如图3-11 所示。总体来看，休宁县村庄道路长度指标的高值区在县域的中部，并自北向南形成了一条明显的集聚带，包括蓝田镇、齐云山镇、万安镇、海阳镇、陈霞乡和五城镇的全部或部分村庄。除此之外，其他乡镇也有部分村庄的指标值较高，但总体上并没有形成明显的集聚区。进一步分析发现，道路

图 3-11 休宁县村庄道路长度空间分析图

长度的集聚带与人口规模、人均收入两大指标在空间上具有较强的吻合性，这也表明交通发展与人口、经济发展水平具有较好的一致性。人口越多、经济发展水平越高的村庄，其道路交通条件也相对较好。反之，道路交通条件越好，也更有条件和实力推动人口和经济的进一步集聚和发展，由此形成一种互相促进、协同推进的格局。

3.3.2 准则层评价结果

休宁县乡村发展评价指标体系共包括三大准则，即自然条件、经济社会和基础支撑。在前述得到九个具体指标的评价结果后，利用第 3.2.2 节的数据处理方法和步骤，对各个准则层的具体指标进行集成，由此得到准则层的评价结果。

（1）自然条件

自然条件包括高程和坡度两个具体指标，利用 ArcGIS 的空间分析模块进行加权叠加分析，得到休宁县乡村发展自然条件的评价结果，结果如图 3-12 所示。总体来看，休宁县村庄自然条件在空间上形成了明显的放射状形态，即县域中部乡镇（包括渭桥乡、溪口镇、海阳镇、陈霞乡、万安镇、商山镇）村庄的自然条件评价得分较高，并以其为中心向四周进行递减，由此构成了基于“中心—外围”的放射状空间格局。这种格局特点与休宁县的总体地形地貌具有一致性：休宁县中部地区的海拔较低，地势较平坦，相对有利于城乡发展建设，而南北两侧的海拔较高，地形起伏较大，自然条件相对而言不利于城乡发展建设。

(2) 经济社会

经济社会包括人口规模、用地规模、外出务工人口占比、集体收入、人均收入五个具体指标,利用 ArcGIS 的空间分析模块对五个指标进行加权叠加分析,得到休宁县乡村经济社会发展的评价结果,结果如图 3-13 所示。总体来看,休宁县的乡村经济社会发展在空间上形成了"一主一副"两个高水平发展带。其中,以海阳镇为中心,在县域中部形成了自北向南的

图 3-12　休宁县村庄自然条件空间分析图

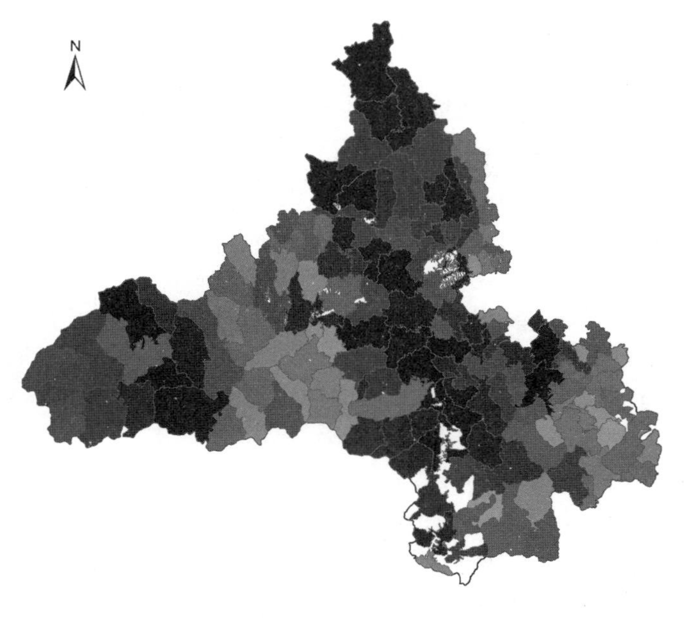

图 3-13　休宁县村庄经济社会发展空间分析图

一条主要发展带，包括蓝田镇、齐云山镇、万安镇、海阳镇、商山镇和东临溪镇。而“一副”则为县域西部的流口镇和汪村镇，其形成了一条规模较小的经济社会高水平发展带。除此之外，其他乡镇的经济社会发展水平不一，存在着一定的差异性和不均衡性。特别是县域东南部的岭南乡、龙田乡、璜尖乡、白际乡、源芳乡的村庄经济社会发展水平均较低，构成了休宁县最主要的乡村经济社会发展低水平区。

（3）基础支撑

基础支撑包括了公共设施数量和道路长度两个具体指标，利用ArcGIS的空间分析模块对两个指标进行加权叠加分析，得到休宁县乡村基础支撑条件的评价结果，结果如图3-14所示。总体来看，休宁县的乡村基础支撑条件在空间上形成了“一区多点”的空间格局形态。其中，“一区”即休宁县最大的乡村基础支撑条件的高水平集聚区，包括蓝田镇、齐云山镇、万安镇和海阳镇的全部或部分村庄；“多点”即多个基础支撑条件评价值较高的村庄，主要包括流口镇、汪村镇、溪口镇、陈霞乡、五城镇、东临溪镇的部分村庄。除此之外，休宁县其他乡镇的村庄基础支撑条件的评价值大小不一，具有一定的差异性和不均衡性，在空间上也呈现出随机分布的状态。

图3-14　休宁县村庄基础支撑条件空间分析图

3.3.3　综合评价结果

休宁县乡村发展综合评价结果是对自然条件、经济社会和基础支撑三大准则指标的集成，由此得到休宁县乡村发展综合指数。利用线性加权和法在ArcGIS平台上对三大准则指标进行综合集成，从而计算得到休宁县

153个行政村的乡村发展综合指数，具体如表3-2所示。

表3-2 休宁县乡村发展综合指数一览表

村庄	综合指数	村庄	综合指数	村庄	综合指数
北街村	0.364 1	璜源村	0.407 0	溪西村	0.252 4
南街村	0.289 3	大阜村	0.264 7	渭桥村	0.536 7
新塘村	0.419 4	和坑村	0.261 9	资村村	0.277 1
琅斯村	0.309 2	汊口村	0.557 4	上前村	0.565 6
川湖村	0.442 9	前川村	0.479 8	重塘村	0.357 6
盐铺村	0.389 0	西村村	0.428 7	渠口村	0.240 8
万全村	0.299 5	儒村村	0.560 3	下坞村	0.301 8
石人村	0.367 7	南塘村	0.460 0	倪湖村	0.301 4
秀阳村	0.446 4	迪岭村	0.395 1	当金村	0.315 4
钗坑村	0.344 5	溪口村	0.521 0	上演村	0.372 6
汪金桥村	0.449 6	和村村	0.217 5	板桥村（渭桥乡）	0.369 6
首村村	0.442 7	山培村	0.259 4	板桥村（板桥乡）	0.280 0
岩前村	0.487 2	石田村	0.418 6	沂川村	0.204 2
岩脚村	0.305 6	祖源村	0.246 8	凤腾村	0.218 6
东亭村	0.696 0	花桥村	0.220 5	梓坞村	0.220 9
兰渡村	0.466 4	中和村	0.243 5	漳前村	0.293 3
环居村	0.421 4	江潭村	0.481 2	陈霞村	0.512 6
典口村	0.360 2	长丰村	0.236 8	回溪村	0.335 8
龙源村	0.436 4	杭溪村	0.275 7	泮路村	0.213 2
轮车村	0.414 7	矶溪村	0.304 6	回岭村	0.201 1
车田村	0.338 1	冰潭村	0.353 5	小当村	0.322 2
吴田村	0.275 2	磣溪村	0.238 0	里庄村	0.140 7
红心村	0.320 5	流口村	0.464 7	渔塘村	0.374 0
万新村	0.409 0	茗洲村	0.359 3	樟田村	0.298 5
钟塘村	0.332 2	黄三村	0.266 0	梅溪村	0.262 6
潜阜村	0.297 9	汪村村	0.427 1	用余村	0.270 1
海宁村	0.331 2	回源村	0.244 5	新安源村	0.256 5
上黄村	0.259 8	田里村	0.338 7	左右龙村	0.292 7
南潜村	0.341 1	大连村	0.469 0	源芳村	0.242 9

续表 3-2

村庄	综合指数	村庄	综合指数	村庄	综合指数
古楼村	0.305 0	山后村	0.410 2	幸川村	0.311 4
古林村	0.370 7	桃源村	0.330 5	梓源村	0.173 0
五城村	0.418 2	杨源村	0.286 3	渔临村	0.224 7
双龙村	0.378 0	雁里村	0.438 4	芳田村	0.153 4
龙湾村	0.366 2	上井村	0.345 4	万金台村	0.190 3
长圩村	0.334 7	瑶溪村	0.351 3	富溪村	0.337 4
小贺村	0.360 6	杨庄村	0.477 4	榆村村	0.333 8
星洲村	0.394 1	高潭村	0.501 3	太塘村	0.233 2
月潭村	0.449 7	下阜村	0.277 1	桃溪村	0.191 7
上岩村	0.274 8	芳干村	0.480 7	郑湾村	0.234 9
西田村	0.398 4	黄村村	0.262 4	藏溪村	0.258 0
岩溪村	0.348 0	金竹村	0.343 7	岭脚村	0.208 9
五丰村	0.321 7	双桥村	0.413 3	桃林村	0.322 3
阳台村	0.233 4	新雁村	0.337 2	浯田村	0.286 2
红坑源村	0.408 2	莯田村	0.233 0	江田村	0.173 8
临溪村	0.574 7	阜田村	0.339 2	古楼坦村	0.242 2
芳口村	0.438 7	山斗村	0.434 4	璜尖村	0.348 9
一心村	0.352 8	金源村	0.343 9	徐家村	0.231 8
三村村	0.369 7	青岭村	0.353 0	清溪村	0.149 1
小阜村	0.204 8	岭南村	0.383 4	白际村	0.267 3
巧坑村	0.256 0	璜茅村	0.403 7	结竹营村	0.140 1
源口村	0.289 1	三溪村	0.262 1	项山村	0.186 0

根据表 3-2 的综合指数结果可知，休宁县乡村发展综合指数的最大值为齐云山镇的东亭村，其综合指数为 0.696 0，最小值为白际乡的结竹营村，其综合指数为 0.140 1。所有行政村的乡村发展综合指数的平均值为 0.335 6，在所有的 153 个参与评价的行政村中，大于平均值的有 75 个行政村，占比为 49.02%；小于平均值的行政村有 78 个，占比为 50.98%。休宁县 153 个行政村的乡村发展综合指数的数据区间分布如图 3-15 所示。根据图 3-15 可知，所有行政村的乡村发展综合指数从最小值到最大值呈现较为平缓的上升态势，可以划分为两个区间：一是 0.000 0—0.400 0 的缓慢上升区间，该区间共有 113 个行政村；二是 0.400 0—0.696 0 的加速上升区间，该区间共有 40 个行政村，特别在 0.5 以后区间则呈现陡然上升的态势。

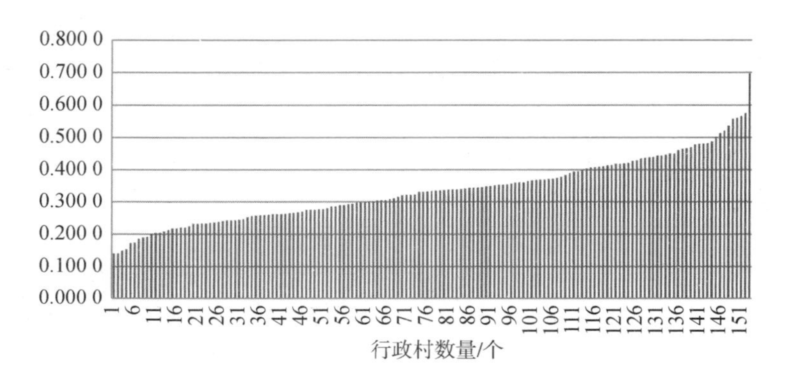

图 3-15　休宁县乡村发展综合指数值的数据区间分布图

(1) 空间格局

在 ArcGIS 中将休宁县乡村发展综合指数进行可视化表达,结果如图 3-16 所示。根据综合指数的空间分布图可知,休宁县乡村发展综合指数自西向东在空间上形成了“低—高—低—高—低”,即基于“三低两高”的五个带状区域。

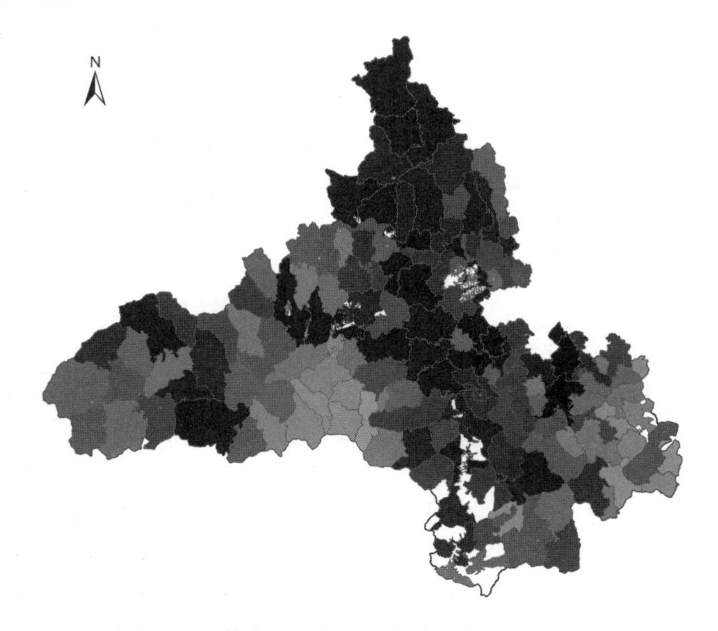

图 3-16　休宁县乡村发展综合指数空间分析图

首先,县域最西部的鹤城乡的乡村发展综合指数较低,而流口镇、汪村镇的部分村庄相互邻接构成了一条明显的乡村发展综合指数高值带,溪口镇、板桥乡、陈霞乡的部分村庄构成了第二个乡村发展综合指数低值带。其次,再往东则是以海阳镇为中心并分别向南北两边延伸的综合指数高值带,其自北向南包括了蓝田镇、齐云山镇、万安镇、海阳镇、溪口镇、五城镇以及东临溪镇的全部或部分村庄,构成了休宁县规模最大的乡村发展高水平集聚带。最后，在休宁县域东南部则形成了第三个乡村发展综合指数低值带，包括榆村乡、源芳乡、白际乡、璜尖乡、龙田乡、岭南乡和山斗乡的全部或部分村庄。总体来看，"五带"构成了休宁县县域乡村发展综合指数的宏观空间分布格局，这也表明休宁县乡村发展水平存在较显著的差异性和不均衡性。同时，"三低两高"的空间形态也颇具特点，乡村发展综合指数自西向东按照低高依次间隔分布，由此表明休宁县乡村发展水平差异主要是东西方向上的差异，这将为制定乡村振兴和乡村发展建设的政策与措施提供较为客观、理性的决策依据。

(2) 空间分区

根据153个行政村的乡村发展综合指数的数据分布特点，利用自然断裂点法将休宁县分成五个乡村发展水平分区，包括高水平区、较高水平区、中水平区、较低水平区和低水平区，结果详见表3-3。

表3-3 休宁县乡村发展水平分区一览表

分区	高水平区	较高水平区	中水平区	较低水平区	低水平区
行政村数量/个	9	34	44	47	19
占比/%	5.88	22.22	28.76	30.72	12.42

休宁县较低水平区的行政村数量最多，为47个，占全部行政村数量的30.72%。中水平区(44个)和较高水平区(34个)的数量次之，分别占全部行政村数量的28.76%和22.22%。而低水平区的行政村数量则为19个，占全部行政村数量的12.42%。高水平区的行政村数量最少，为9个，占全部行政村数量的5.88%。总体来看，休宁县高水平区和较高水平区的行政村数量共计有43个，而较低水平区和低水平区的行政村数量则共有66个，明显在数量上占有较大优势，这说明了休宁县乡村发展的总体水平仍有一定的提升空间，同时也表明县域乡村之间在发展水平上存在差异和不均衡性。

休宁县乡村发展水平五大分区的空间格局和特征如图3-17所示。高水平区共有9个行政村，在空间上呈现点状分布，包括商山镇的高潭村、陈霞乡的陈霞村、溪口镇的溪口村、渭桥乡的渭桥村、东临溪镇的汊口村、蓝田镇的儒村村、渭桥乡的上前村、东临溪镇的临溪村、齐云山镇的东亭村。较高水平区共有34个行政村，在空间上形成三大集聚区：一是县域北部的蓝田镇、齐云山镇、万安镇的全部或部分村庄，这些村庄相互邻接，共同构成了县域最大的较高水平区；二是由溪口镇、陈霞乡、海阳镇、商山镇、五城镇的部分村庄相互邻接构成的较高水平区；三是由流口镇和汪村镇的部分村庄构成的县域西部的较高水平区。此外，在县域的东南部乡镇也有若干个较高水平发展村。中水平区共有44个行政村，基本上呈现散状分布，没有形成明显的空间集聚特点。较低水平区共有47个行政村，在空间上主要包括两大集聚区：一是鹤城乡、流口镇、汪村镇、板桥乡、溪口镇的部分村

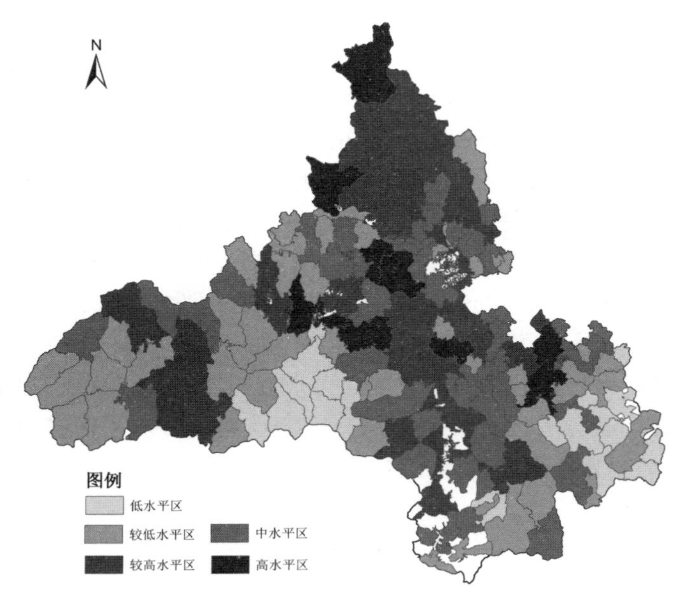

图 3-17　休宁县乡村发展水平空间分区图

庄构成了一个较为明显的较低水平区;二是县域东南的岭南乡、龙田乡、东临溪镇、榆村乡的部分村庄构成了一个较低水平区。低水平区共有 19 个行政村,在空间上形成了两个明显的集聚区:一是板桥乡、陈霞乡、溪口镇的部分村庄相互邻接,共同构成了一个明显的低水平区;二是源芳乡、榆村乡、白际乡、璜尖乡的部分村庄集聚而成另一个低水平区。

在乡村发展水平五大分区的空间分布上,较高水平区、较低水平区和低水平区都形成了明显的空间集聚现象,而高水平区和中水平区则基本上呈现随机散布的状态,没有构成明显的空间集聚区。进一步分析可知,休宁县在县域整体层面上形成了"北高南低,东高西低"的乡村发展总体格局。北部的蓝田镇、齐云山镇、万安镇和海阳镇构成了全县最主要、规模最大的乡村发展高水平区,而南部的鹤城乡、板桥乡、岭南乡、龙田乡、璜尖乡、白际乡则形成了乡村发展低水平区。从东西方向上看,县域西部的鹤城乡、流口镇、汪村镇、溪口镇、板桥乡、渭桥乡、陈霞乡的乡村发展水平总体上低于东部地区的乡镇,具有较明显的"西低东高"的空间分布特点。总体来看,这种格局特点也正说明了休宁县乡村发展水平不仅在数量上存在差异,而且在空间上也具有明显的差异性和不均衡性。

3.4　小结

本章以安徽省休宁县为案例研究区,具体应用了本书所构建的乡村发展评价研究的理论和技术方法体系,实现了对休宁县乡村发展水平和状态的全面、系统评价,由此为休宁县乡村振兴和乡村发展建设提供了决策支撑和依据。

首先，应用基于 GIS 的多准则决策理论和方法，构建了包括目标层、准则层和指标层在内的三级综合评价指标体系，包括自然条件、经济社会和基础支撑三个准则以及高程、坡度、人口规模、用地规模等九个具体指标。

其次，在 GIS 平台上，对高程、坡度、人口规模、用地规模等九个具体指标进行了全面计算和评价，同时对其空间分布格局特点进行了分析，从而对休宁县乡村发展的各个方面进行了全面解读。

最后，应用传统的也是最为经典的多准则决策分析技术实现了对评价指标的处理和集成，包括指标标准化、指标权重计算、指标综合等步骤，由此得到了休宁县 153 个行政村的乡村发展综合指数，进而对行政村乡村发展综合指数进行了统计分析和空间可视化。在此基础上，将休宁县乡村发展划分为五大分区，即高水平区、较高水平区、中水平区、较低水平区和低水平区，同时对其空间格局特点进行了系统分析。

综上，本章重点以休宁县为案例，具体应用了基于传统的多准则决策分析技术，实现了对休宁县乡村发展的综合评价。在这一实践应用研究中，给出指标体系、指标分值、指标权重、指标综合的处理过程以及对评价结果的具体分析，不仅为休宁县的乡村在地振兴提供了决策依据，而且为乡村发展评价理论研究和实践应用提供了参考和借鉴。

4 来安县乡村发展评价

第 3 章应用传统的基于线性加权和的多准则决策方法，对休宁县的乡村发展评价进行了实证应用研究。本章则以安徽省来安县为案例，仍在多准则决策方法的框架下，对来安县的乡村发展进行了实证应用研究。两者的区别在于，在指标体系、指标分值一定的情况下，休宁县应用了传统的技术方法，即通过后续的指标权重计算、指标综合集成来得到评价结果，而来安县则尝试应用了投影寻踪分析技术和方法，在完成指标体系构建、指标分值计算两个步骤后，直接应用投影寻踪模型对指标进行综合集成而得到评价结果。两种技术方法的最大差异在于来安县省去了指标权重计算这一步骤，同时，来安县的评价指标体系更为复杂，指标数量也更多，这也在客观上决定了来安县需要采用更先进的技术方法。因此，将投影寻踪技术应用到乡村发展评价中，不仅为来安县的乡村发展评价引入了更先进的方法，而且为相关研究和实践提供了参考和借鉴。

4.1 来安县概况

4.1.1 区位交通

来安县位于安徽省东部，隶属于安徽省滁州市，地处北纬 32°10′—32°45′、东经 118°20′—118°40′，南北最长距离约为 55 km，东西最宽距离约为 30 km，国土总面积约为 1 481 km^2。来安县环邻安徽省天长市、滁州市、明光市，江苏省盱眙县、南京市的六合区和浦口区，介于长江、淮河之间，是安徽省的东大门。来安县城所在的新安镇距离南京市区约 60 km、京沪铁路滁州站约18 km、南京禄口国际机场约 80 km、宁洛高速公路来安出入口约 5 km，沪宁洛高速公路、104 国道自东向西贯穿全境，交通区位条件优越。来安县是南京都市圈的核心层，所辖的汊河镇与南京高新技术产业开发区相邻，紧靠南京地铁 3 号线林场站，离南京长江大桥约 12 km。来安县有高速公路、国道和省道穿过境内，津浦铁路、合宁铁路和京沪高铁倚县而过。在高速公路方面，来安境内有宁洛高速公路、滁天高速公路、来六高速公路、滁淮高速公路等，其中宁洛高速公路自西向东从县域南部穿过，并在境内有 2 个出入口，通过其在1 h 内即可抵达南京。在国道、省道方面，来安境内则有 G345、G104、G235、S209、S210、S321、S435、S312、SF01。总体来看，来安境内的高速公路、国道、省道基本交织成网，交通优势明显。

在水运航道方面，来安境中北水流淮、南河入江，内河可通航长江。境内以老来河航道为主，上通来安县城以东的毛桥，下达小河口、清流河、滁河、皂河等多条河流。内河航运有汊河港、水口港，直通长江，总航道的长度约 72 km。在航空交通方面，来安距离南京马鞍国际机场约 1 h 车程，距离南京禄口国际机场、合肥新桥国际机场约 2 h 车程。近年来，宁洛高速公路、南京江北大道、104 国道三条快速道路不仅实现了来安与南京的无缝对接，而且加快了来安全面融入长三角的步伐。同时，宁滁轻轨也正在规划设计和建设中，通车后将进一步拉近来安与南京、上海的时空距离。

4.1.2 自然地理

来安县域地貌大致可被分为丘陵、阶地、河漫滩三种，分别约占全县国土面积的 30%、40%、30%。来安县地势西北高，东南低。北部为丘陵，主要有长山、龙王山、马头山、练子山，最高的龙王山海拔为 219 m。县境南部为岗坳相间的波状平原，缓丘零星分布。滁河、新来河两侧为较广阔的河谷平原。全县海拔高度小于 220 m，相对高程大于 100 m。来安县气候温和，四季分明，雨量适中，雨热同期，但其降水不均匀，日照多，湿度大，无霜期较长，为季风气候显著、北亚热带向暖温带过渡的湿润与半湿润型气候。来安县的年平均气温为 14.9 ℃，无霜期为 217 d，年平均降雨量为 975.3 mm，由于受季风气候影响，时有旱涝发生。来安县域内山圩交错，河流、沟渠纵横交织。河流属长江、淮河两大水系，其中属长江水系的有滁河、新来河、清流河、五加河、施河、皂河，属淮河水系的有白塔河。河流总长 226 km，总流域面积为 1 498.6 km^2。

来安县自然生态条件适宜各种生物生长繁衍，物种繁多。粮食、蔬菜、林木、畜禽、水产、野生药用植物等农副产品十分丰富。矿产资源比较丰富，主要是非金属矿产资源，现探明以长石、膨润土、凹凸棒石黏土矿、大理岩、玄武岩、造型用砂、锗矿、石灰岩为主。此外，县境内有分布但尚未开采的矿产有花岗岩（储量为 5×10^6 m^3）、白云石（储量为 3×10^6 t）、粉镁（储量为百万吨以上）、砂镁（储量为百万吨以上），未探明储量或工业价值不大的矿产有钾长石、石墨、水晶、泥煤、玉石、礁宝石、磷、金、铜、钼等。

来安县山水资源丰富，自然、人文资源俱佳，拥有 1 处全国重点文物保护单位（来安半塔保卫战旧址），1 处省级重点文物保护单位（尊胜禅院），4 处县级文物保护单位（顿丘山遗址、吴王城城址、胡松墓、永安桥）。县域内的主要旅游景区有皖东烈士陵园、尊胜禅院、张山万亩桃园、尚田石榴园、景华生态文化园、小李庄、龙窝寺森林公园、白鹭岛风景区、舜歌山风景区、池杉湖湿地公园、耘泰慧谷、独山娘娘庙、孔雀寺、新四军第二师师部旧址、新四军江北指挥部旧址、抗日阵亡九烈士纪念碑、少奇楼旧址等。非物质文化遗产主要有百曲、洪山戏、双喜灯、子母灯、秧歌灯等。

4.1.3 经济社会

在行政区划上，来安县共辖12个乡镇(图4-1左图)，分别是新安镇、半塔镇、汊河镇、水口镇、舜山镇、雷官镇、施官镇、大英镇、张山镇、独山镇、三城镇、杨郢乡，其中新安镇为县政府驻地。在行政村区划上，来安县共计有130个行政村级别的基本单元。目前县城建成区内仍有一定数量的呈散点状分布的农田和农村居民点，这些建成区内的村庄已经不是一个完整的村庄了，由于城镇扩张和拆迁，其仅是原来村庄的一部分，但其又和城镇建设用地形成紧密的空间咬合态势。如果不将这些建成区内的村庄纳入研究范围，则有失偏颇，不能全面研究来安县的乡村发展状态；如果将这些散点状零星分布的村庄作为一个行政村单元来处理，则因其规模太小已不是一个完整的村庄形态，必然导致其在评价中处于不利地位。因此，综合考虑后将整个建成区作为一个行政村级别的基本单元来予以评价，由此得到来安县的行政村区划图(图4-1右图)。在行政村区划图上，有多个空白区域，这些区域主要是来安县的林场、茶场、水库、产业园区，显然这些区域不参与乡村发展评价。

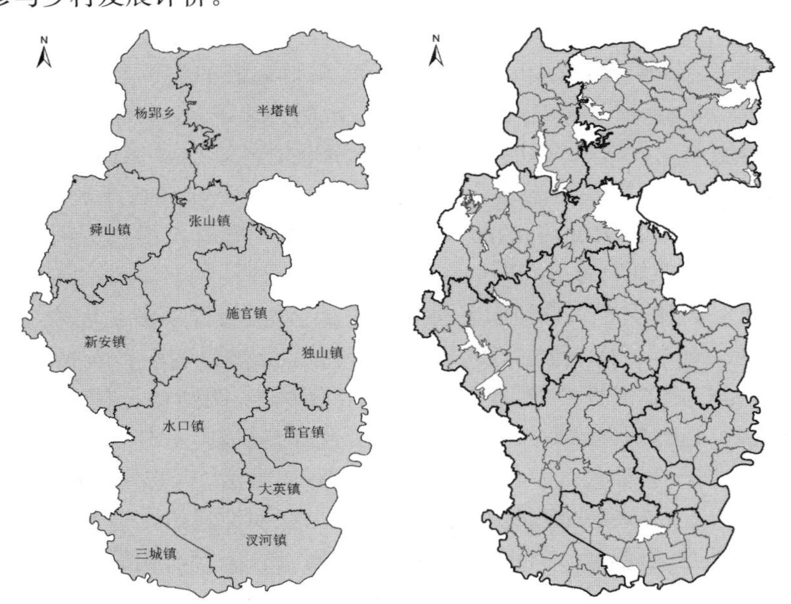

图4-1 来安县乡镇区划图(左)和行政村区划图(右)

近年来，来安县紧紧围绕“一体化”和“高质量”主题，立足“稳中求进、追赶跨越、能快则快、快中求好”的工作总基调，深入践行“创新、协调、绿色、开放和共享”新理念，积极对接国家级南京江北新区发展，全面融入长三角一体化，实现了经济社会的快速发展。在人口规模上，2019年末，来安县户籍人口为48.69万人，常住人口为45.2万人，其中常住城镇人口为22.47万人，城镇化率为49.71%。2019年，来安县全年实现国内生产总值(GDP)311.2亿元，比上年增长10.1%，高于滁州全市0.4个百分点，总量居全市第3位，增速居全市第2位。其中，第一产业产值为24.1亿元，增长3.6%；第二产业产值为153.6亿元，增长11.3%；第三产业产值为133.5亿元，增长10.0%。三次产业结构的比重为7.7∶49.4∶42.9。全县全年实现社会消费品零售总额83.9亿元，比上年增长14.1%。分区域来看，城镇实现消费品零售额62.9亿元，增长14.4%；乡村实现消费品零售额21.0亿元，增长13.3%。全县全年完成财政收入34.2亿元，比上年增长13.3%。城乡全体居民人均可支配收入为23 407元，比上年增长10.9%。其中，城镇居民人均可支配收入为35 219元，增长9.3%；农村人均可支配收入为14 361元，增长10.5%。

在农业产业发展上，2019年来安全县实现农产品加工业产值60亿元，增长10%，居全市第2位。新增农业产业化龙头企业5家，农民专业合作社、家庭农场分别发展到828家、1 349家。2019年，来安全年粮食作物播种面积为77 575 hm^2，比上年减少272.5 hm^2，减少0.4%；油料作物播种面积3 230 hm^2，比上年增长1.6%；棉花种植面积为115 hm^2，比上年减少29.9%；蔬菜种植面积为7 333 hm^2，比上年增长4.4%。全县全年粮食产量为4.6×10^5 t，比上年增产0.8%，粮食生产实现“十六连丰”，新建高标准农田5 000 hm^2，“稻虾共作”面积扩展到5 666.7 hm^2，“北仔”牌月芽米成为全县首个安徽名牌农产品。油料产量为9 844 t，比上年增产1.1%；棉花产量为101 t，比上年下降37.3%。蔬菜、水果在品种优化的基础上平稳发展并实现规模扩张，特色蔬菜优势区发展到13 333.3 hm^2，苗木花卉产业规模突破10 000 hm^2，新增林果基地200 hm^2。全年肉类总产量为59 592 t，比上年增长3.5%，其中猪肉产量为12 174 t，比上年减少9.96%。水产品产量为29 114 t，增长4.6%。此外，2019年来安县农村集体产权制度改革通过国家验收，53个改革村分红318万元；同时，来安县连续举办了四届华东苗木花卉交易博览会，而第三届全国农机推广田间日活动也在来安举办。

4.1.4 综合分析

来安县产业转型升级较快，城乡面貌变化显著，人民群众受益增多，在科技、文化、教育、医疗、体育等社会公共设施和公共服务体系建设上也取得了显著进步，这为城乡的和谐稳定发展与乡村振兴战略的全面实施奠定了坚实的经济社会基础。展望未来，来安县既会面临难得的历史机遇，也会存在一些短板和问题。

(1) 发展机遇

来安县地处“一带一路”倡议、长江经济带、皖江城市带承接产业转移示范区、国家级南京江北新区发展的交汇节点，是南京都市圈、合肥都市圈两圈叠加的战略支点，承东启西的地位突显，加速发展的政策机遇期已经呈现，全面融入长三角，实现与南京市的同城化发展已成为现实的历史机遇。坚持江北协同发展、沿苏优先发展，加快调结构、转方式、促升级，有利于释放同城发展、承接发展、转型发展、融合发展的放大效应，助推全县驶上多力驱动发展的快车道。

来安县外邻南京高新技术产业开发区、浦口经济开发区、南京化工园、六合经济开发区，紧临南京软件园、江北国际企业研发园、中山科技园、海峡两岸科技工业园、南京工业大学科技产业园、电子信息产业园和江北交通枢纽南京北站，内靠苏滁现代产业园、滁州经济技术开发区、滁州承接产业转移示范区、天长经济开发区，沪宁洛高速公路、马滁扬高速公路、滁六高速公路、G104 国道、S312 省道贯穿全境，区位优势明显。来安县 12 个乡镇中有 7 个乡镇与江苏接壤，地缘优势突出，具有其他县市区无法比拟的发展空间，全方位融合发展空间巨大，这显然有利于来安县在更高层面、更大范围集聚要素资源，加快培育新的竞争优势。

来安县总体上处于工业化加速推进阶段。精细化工、文具礼品、轨道交通装备、新能源等产业集聚度明显提高，两个省级开发区、一个市级化工园区、三个县级工业集中区正在逐步培育壮大，汊河镇与华夏幸福基业股份有限公司采用 PPP 模式合作建设的江北水岸科技新城项目全面启动，来安县城新城区建设、老城区棚户区改造和乡镇新型城镇化建设全面推进，高效农业和生态休闲农业两大现代农业板块逐步形成，城市综合体、现代物流中心项目全面推动，这使来安县在产业结构、消费结构和技术结构上都将进入加速转型和升级阶段，并使其具备了加速起飞的条件，从而有利于来安县发挥后发优势，形成新的增长动力。

（2）制约因素

尽管来安县的经济社会发展取得了显著成就，又面临难得的发展环境和机遇，但其存在的问题和发展制约因素也较为突出，主要表现为以下三个方面：

①经济结构不尽合理。传统农业优势不足，现代农业发展不快。工业传统产业、低端产业比重较大，战略性新兴产业比重不高，大企业屈指可数。服务业总量偏小，现代服务业发展滞后。开发区特色主导产业规模不大，集聚效应不强，带动作用不突出。

②资源要素面临制约。工业化、城镇化用地需求不断增加，建设用地需求与土地粗放利用、低效利用的矛盾突出。劳动力成本持续攀升，融资难问题未有效破解。节能减排和环境保护任务较为艰巨。

③区域竞争日趋激烈。东部发达地区逐步回归实体经济，产业转移势头有所减弱，来安县承接产业转移的优势不多，特别是南京江北新区的加快建设，将会形成巨大的虹吸效应和比较优势，这会对来安县承接优质产业转移项目形成消极效应。同时，来安县的市场化水平和对外开放程度不高，未来面临的区域竞争将会更加激烈。

上述问题是来安县下一步需要重点解决的问题，由此为乡村振兴战略的全面实施奠定基础。同时，这也会加快将来安县建设成为高端智造基地、现代物流枢纽、创新创业乐土和生态美好家园，将其打造成为宜居、宜业、宜游、富足、安宁的新来安，让“来者皆安”成为来安县最好的诠释。

4.2 评价指标体系

4.2.1 指标体系构建

根据国家相关要求，乡村发展评价要从村庄的发展现状、区位条件、资源禀赋等方面着手，要在综合评价的基础上将村庄划分为集聚提升类、城郊融合类、特色保护类、搬迁撤并类四种类型。基于此，再结合来安县村庄发展的实际情况、指标体系构建原则和数据的可获得性因素，构建来安县乡村发展评价指标体系，具体包括目标层、约束层、准则层和指标层四级结构。其中，目标层为评价的结果，即来安县乡村发展综合指数；约束层包括乡村发展的资源环境和经济社会两个约束指标；准则层是在约束层指标意义范围内进行的指标构建，是对约束层指标的进一步细化，具体包括自然环境、资源禀赋、发展规模、交通区位、经济发展和公共设施 6 个准则；指标层则是目标层、约束层和准则层的具体指标表现，是在准则层的基础上根据来安县的特点以及数据的可得性进行的指标选择和确立，共计 15 个评价指标。来安县乡村发展评价指标体系的具体内容如表 4-1 所示。

表 4-1　来安县乡村发展评价指标体系

目标层	约束层	准则层	指标层
来安县乡村发展综合指数	资源环境	自然环境	高程
			坡度
			灾害风险等级
		资源禀赋	耕地面积
			水域面积
	经济社会	发展规模	建设用地面积
			人口规模
			斑块密度
		交通区位	距交通干线的距离
			距中心城区的距离
			道路网密度
		经济发展	经济作物种植面积
			可支配收入

续表 4-1

目标层	约束层	准则层	指标层
来安县乡村发展综合指数	经济社会	公共设施	公共服务设施面积
			基础服务设施面积

来安县乡村发展评价指标体系反映了来安县乡村发展的实际状态和水平，包括资源环境和经济社会两大约束指标，每个约束指标都从发展现状的特点出发，进一步包括了更详细的准则指标。作为乡村发展的资源环境支撑，其现状状态是衡量来安县乡村发展水平的一个基本度量，主要包括自然环境和资源禀赋两个准则指标以及高程、坡度、灾害风险等级、耕地面积和水域面积五个具体指标。其中，耕地面积被用来度量土地资源的丰富度，水域面积被用来度量水资源的丰富度，土地和水是乡村发展的根本条件，可以代表乡村的资源禀赋情况。经济社会是乡村发展中“人”的因素，反映了乡村经济社会发展建设的基本情况，包括发展规模、交通区位、经济发展、公共设施四个准则指标，在这四个准则指标的框架下，进一步遴选了建设用地面积、人口规模十个具体的指标，由此全面反映了来安县乡村经济社会的各个方面。

指标有正向和负向之分，对于正向指标，其值越大，乡村发展的水平则越好，也就越利于乡村的可持续发展；对于负向指标，其值越大，乡村发展的水平则越低，也就越对乡村的可持续发展不利。具体来讲，自然环境中的高程、坡度、灾害风险等级三个指标均为负向指标，其值越大越不利于乡村发展，即乡村发展的现状越不理想。资源禀赋中的耕地面积和水域面积均为正向指标，其值越大，说明乡村的自然资源越丰富，越有利于乡村发展，乡村未来发展的潜力也就越大。发展规模、经济发展、公共设施的各个指标和交通区位中的道路网密度指标均为正向指标，其值越大，说明乡村的发展潜力越大，乡村发展的基础越好。而交通区位中的距交通干线的距离、距中心城区的距离两个指标则为负向指标，其值越大，表明乡村的区位条件越差，越不利于乡村的发展。

总体来看，上述指标全面反映了来安县乡村发展的资源环境本底条件和经济社会发展建设条件，能够从自然、经济、社会这一乡村复合系统的各个方面、角度对其进行系统评价，由此实现对来安县乡村发展的综合评价，进而为来安县的乡村分类与优化布局奠定基础。

4.2.2 数据来源与处理

(1) 数据来源

来安县乡村发展评价中所使用的数据主要包括空间数据和非空间属性数据两大类。空间数据包括遥感影像和地图，地图又进一步包括了地形图、土地利用图、行政区划图、交通图、相关规划图等；非空间属性数据主要是来安县经济社会统计数据与相关政策文件资料。具体来讲，即按照前表4-1的指标体系要求来收集来安县的相关数据。数据主要来源包括来安县统计年鉴、来安县土地利用调查数据、来安县行政区划数据、来安县数字高程模型数据、来安县高分辨率遥感影像数据、来安县交通地图数据等。同时，还要收集来安县城市总体规划、土地利用总体规划、各个乡镇的总体规划和土地利用总体规划、已经编制的村庄规划等相关规划数据。

（2）数据处理

首先，利用来安县土地利用调查数据，提取所有的行政村矢量数据。经过梳理分析，共确定130个行政村级别的评价单元来参加本次乡村发展评价，由此得到最基础的评价数据。

其次，把收集到的相关纸质图件扫描成数字图像，并对此数字图像进行几何校正和矢量数字化，然后以土地利用调查数据和行政村矢量数据为基础对其进行裁切，形成高精度的研究区矢量数据。

最后，在ArcGIS平台上，将各种数据进行集成建库。具体来讲，即把来安县各个行政村的经济社会统计数据录入行政村区划空间数据的属性表中，实现空间信息和属性信息的关联，从而建立来安县乡村发展评价的GIS空间数据库，为后续的空间分析、单项评价和集成评价奠定基础。上述数据处理的主要流程如图4-2所示。

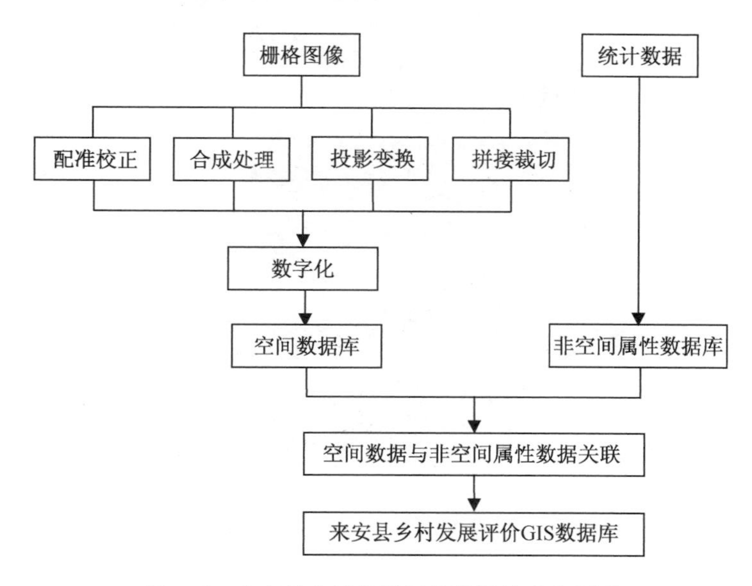

图4-2　来安县乡村发展评价数据处理流程图

4.3　单项评价结果

来安县乡村发展评价共计15个具体指标，这些指标反映了来安县乡村的自然、经济、社会的发展水平和状态，有必要在ArcGIS平台上对其进行逐个分析，由此获得对来安县乡村发展的总体认识。

4.3.1 自然环境评价

(1) 高程

在 ArcGIS 中，利用空间分析模块和来安县的数字高程模型，计算各个行政村的平均高程并进行可视化表达，结果如图 4-3 所示。在具体的平均高程值上，各行政村的最小值为 5.72 m，最大值为 146.05 m，平均值为 36.85 m。总体来看，来安县域北部村庄的平均高程值较大，县域中部村庄的平均高程值次之，县域南部村庄的平均高程值最小，形成"北高、中中、南低"的空间分布形态。杨郢乡的全部村庄、半塔镇的西部村庄、舜山镇的北部村庄和张山镇的北部村庄构成了集中连片的平均高程高值区，而南部三城镇、汊河镇、大英镇村庄的平均高程值最小。

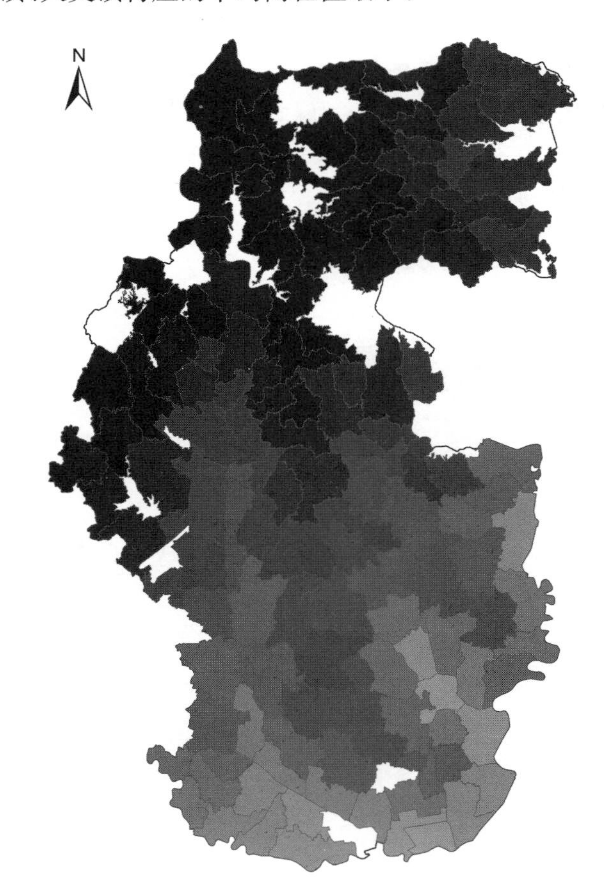

图 4-3　来安县村庄高程空间分析图

注：颜色由浅到深表明指标值由小到大；空白区域不参加评价。图 4-4 至图 4-18 同。

(2) 坡度

利用来安县的数字高程模型，在 ArcGIS 中利用其空间分析模块计算得到来安县的地形坡度图，进而再计算得到各个行政村的平均坡度值，结果如图 4-4 所示。在平均坡度值上，各行政村的最小值为 1.57°，最大值为 8.11°，平均值为 2.95°，显然，来安县的地形较为平坦，没有较大的起伏，这有利于城乡发展建设。在空间分布格局上，县域北部的杨郢乡、半塔镇、舜山镇、张山镇村庄的坡度平均值较大，特别是杨郢乡的全部村庄、半塔镇的西部村庄、舜山镇的北部村庄和张山镇的北部村庄构成了集中连片的平均坡度高值区。相比之下，县域中部各个乡镇村庄的坡度平均值次之，而县域南部各个乡镇村庄的坡度平均值最小。总体来看，从北向南，村庄的平均坡度值形成了从高值到中值再到低值的较为明显的梯度分布形态。

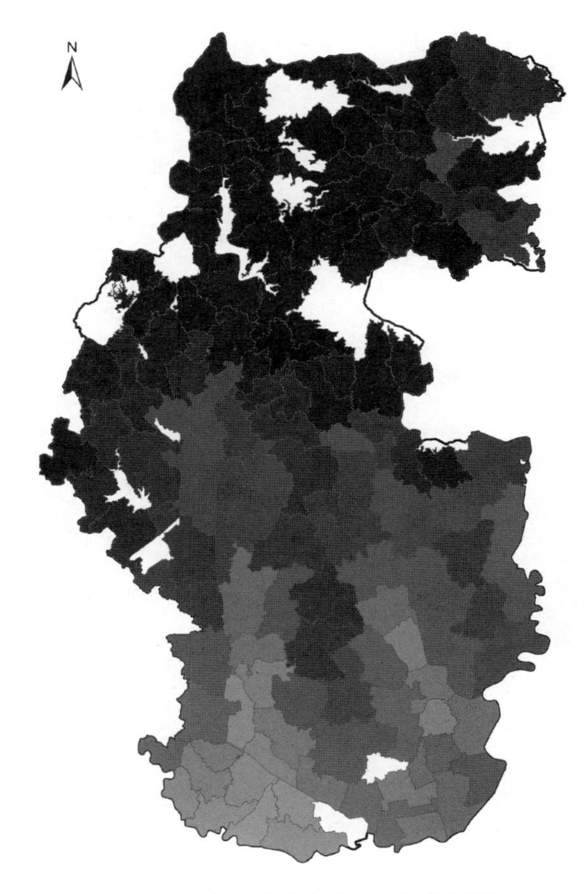

图 4-4　来安县村庄坡度空间分析图

(3) 灾害风险等级

根据来安县的地质灾害、气象灾害的综合影响，将全县灾害风险划分为高风险、中风险和低风险三大等级。在 ArcGIS 中，利用其空间分析模块得到来安县的灾害风险等级图，进而再计算得到各个行政村的灾害风险等级，结果如图 4-5 所示。总体来看，来安县的中部和南部各个镇的村庄灾害风险基本上都是低风险等级，只有个别村庄处于中风险等级。相比而言，县域北部的杨郢乡的村庄、半塔镇的西部村庄、舜山镇和张山镇的北部

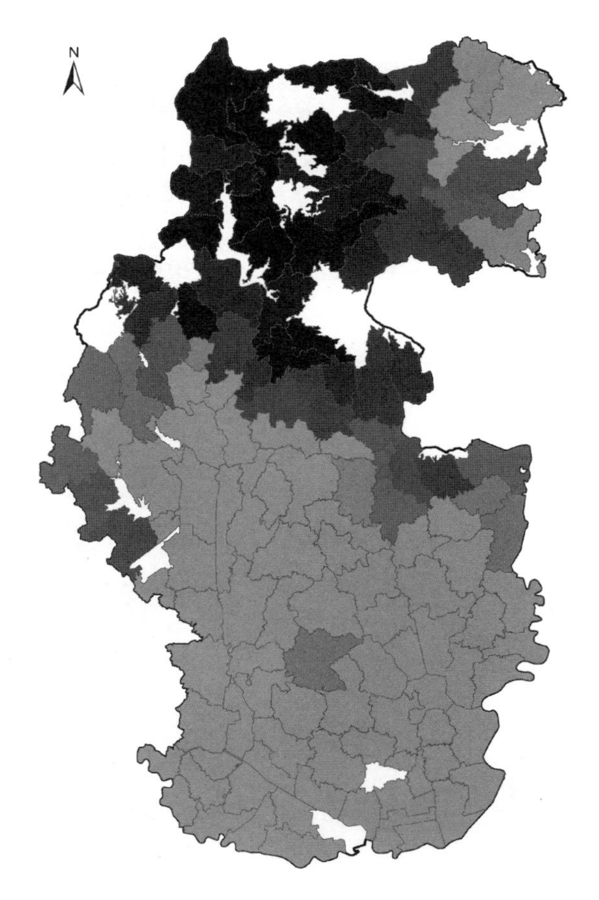

图 4-5　来安县村庄灾害风险等级空间分析图

少量村庄则基本上都是中风险、高风险等级，这些地区的海拔高、坡度大，更容易发生地质灾害。这也提示这些地区的村庄要进一步加强灾害风险防范和管控，并且一旦条件允许应优先对此类村庄进行搬迁，从而避免遭受灾害损失。

4.3.2　资源禀赋评价

（1）耕地面积

耕地是乡村最宝贵的资源，是乡村从事农业生产的主要空间。根据来安县土地利用调查数据，在 ArcGIS 中，利用其空间分析模块计算得到来安县各个行政村的耕地面积，结果如图 4-6 所示。总体来看，来安县耕地面积的空间分布不均衡性较为明显，南部乡镇的村庄耕地面积明显大于北部乡镇的村庄，北部地区除了半塔镇东部几个村庄的耕地面积较大外，其他各乡镇村庄的耕地面积均较小。这也反映了来安县农业生产规模必然是南部地区较大、北部地区较小，南北差异不可避免。因此，有必要将农业发展重点适当向南部倾斜，从而形成规模效应，打造相对集中的粮食生产基地。

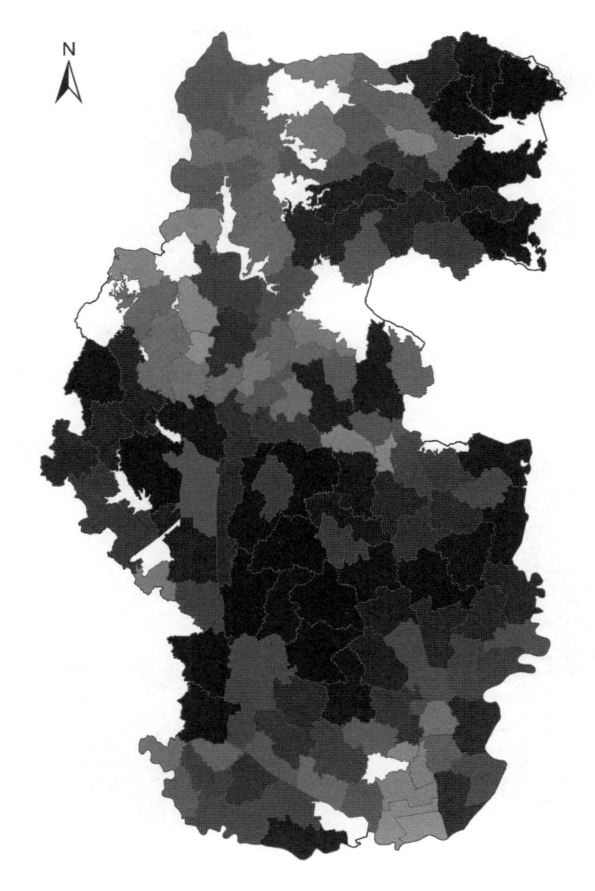

图 4-6　来安县村庄耕地面积空间分析图

(2) 水域面积

水资源是影响和制约城乡发展的重要自然资源。利用来安县土地利用调查数据和 ArcGIS 的空间分析模块，计算得到各个行政村的水域面积，主要包括河流、湖泊、水库等地表水域，结果如图 4-7 所示。总体来看，来安县南部乡镇村庄的水域面积普遍大于北部乡镇的村庄，存在着明显的“南高北低”现象。在北部乡镇中，只有半塔镇和舜山镇的几个村庄的水域面积较大，其他均较小。

4.3.3　发展规模评价

(1) 建设用地面积

乡村建设用地面积反映了乡村发展建设的规模，是衡量乡村发展水平的重要指标。利用来安县土地利用调查数据和 ArcGIS 的空间分析模块，计算得到各个行政村的建设用地面积，结果如图 4-8 所示。总体来看，来安县乡村建设用地在空间上形成了三大集聚区：一是县政府所在的新安镇，其是乡村建设用地面积最大的区域；二是南部的汊河镇、水口镇的部分

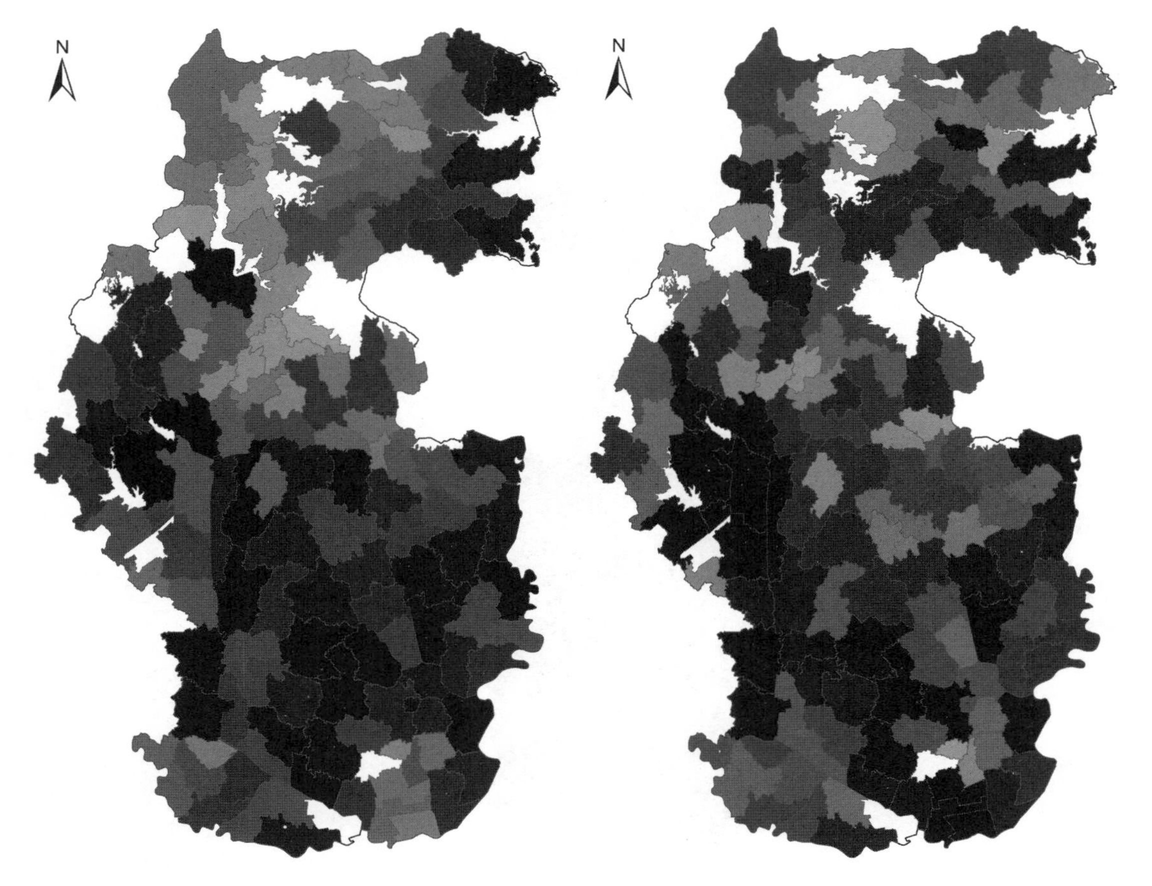

图 4-7　来安县村庄水域面积空间分析图　　　　图 4-8　来安县村庄建设用地面积空间分析图

村庄形成了一个建设用地面积的高值区；三是北部半塔镇南部的几个村庄构成了建设用地面积的高值区。除此之外，其他村庄的建设用地面积大小不一，呈现随机性的分布状态。

（2）人口规模

乡村人口规模反映了乡村发展建设主体的数量，是衡量乡村发展水平的重要指标。利用来安县人口统计数据和 ArcGIS 的空间分析模块，计算得到各个行政村的人口规模，结果如图 4-9 所示。总体来看，来安县乡村人口规模在空间上形成了两大集聚区：一是县域中部的新安镇、施官镇、独山镇的部分村庄人口规模较大，构成了县域最大的乡村人口集聚区；二是北部的杨郢乡的南部和半塔镇的北部、中部、东部的部分村庄的人口规模也较大，同时相互邻接构成了第二个乡村人口集聚区。除了这两大集聚区以外，其他村庄的人口规模大小不一，呈现随机性的分布状态。

（3）斑块密度

斑块密度反映了乡村功能的复杂性和完整性，斑块密度越大，说明村庄的功能越多样和完备，发展水平相对越高，未来发展潜力也越大。利用来安县土地利用调查数据和 ArcGIS 的空间分析模块，计算得到各个行政村的斑块密度，结果如图 4-10 所示。总体来看，新安镇的村庄斑块密度最大，其他乡镇政府驻地所在地区的村庄斑块密度也相对较大，在空间上呈现多点高值的分布状态。

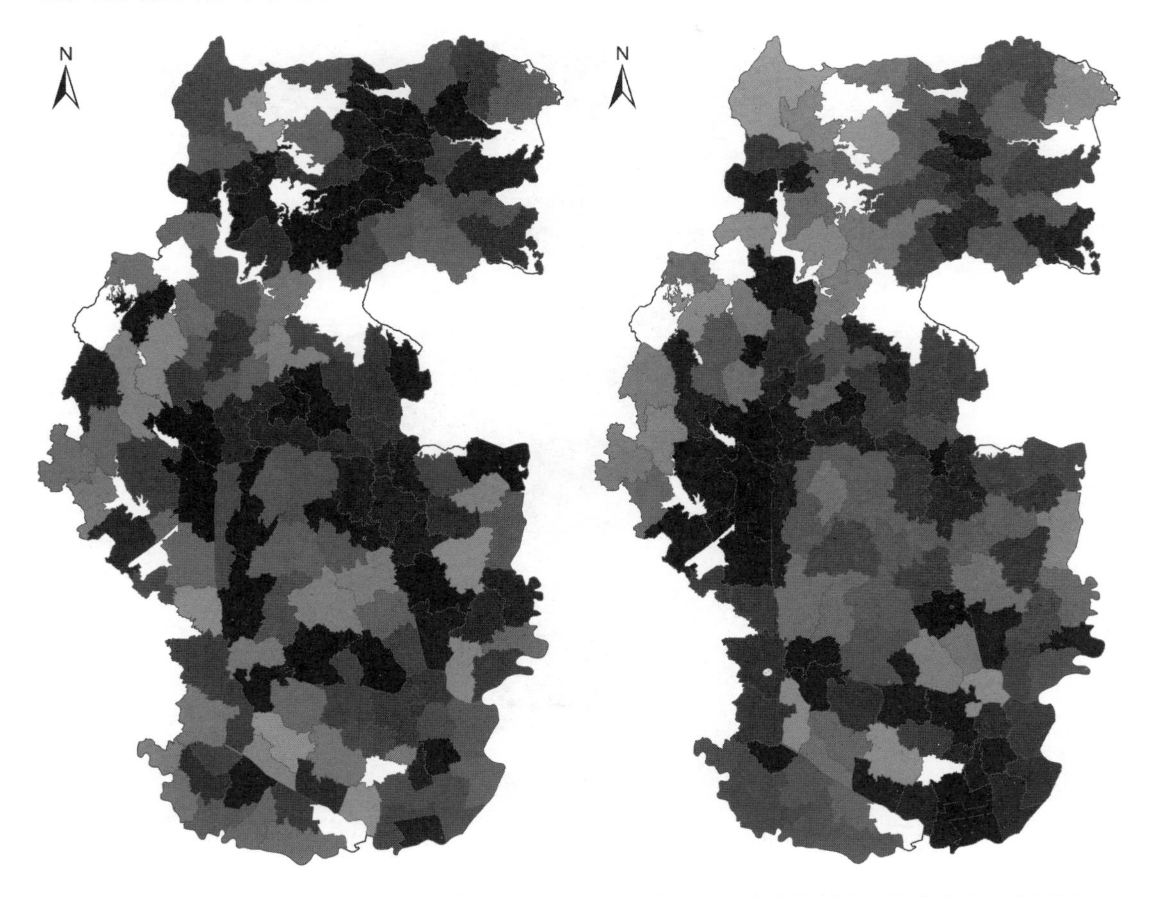

图 4-9　来安县村庄人口规模空间分析图　　图 4-10　来安县村庄斑块密度空间分析图

4.3.4　交通区位评价

(1) 距交通干线的距离

道路交通是村庄与外部联系的骨架，是村庄发展建设的基本支撑。距离交通干线的距离越近，村庄的可达性就越好，发展的基础条件也就越好，反之则越差。以来安县现状道路为基础数据，主要包括国道、省道、县道、乡道，利用 ArcGIS 空间分析模块的邻域分析工具，以各村庄的位置为起点计算出各村庄到最近交通干线的距离，计算结果如图 4-11 所示。总体来看，各村庄距最近交通干线的距离的空间分布较为均衡，县域北部、中部、南部都有高值村庄，呈现不规则的散点状。

(2) 距中心城区的距离

中心城区是县城的经济、政治和文化中心，与其距离远近是衡量村庄

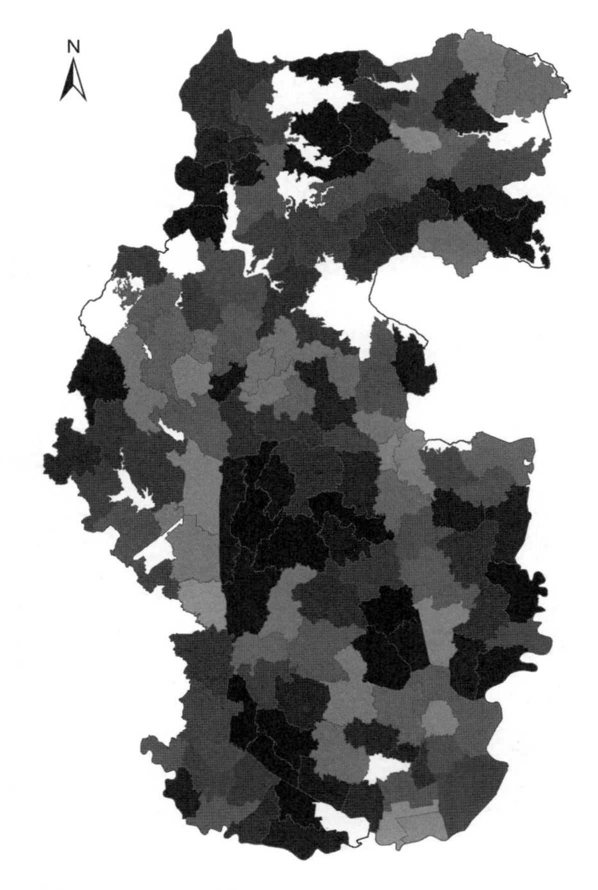

图4-11　来安县村庄距交通干线的距离空间分析图

区位条件优劣的重要指标之一。以来安县现状道路作为计算路径耗费的数据，根据道路等级给各级道路按照设计时速加权赋值，再利用 ArcGIS 空间分析模块中的服务区分析工具来计算各个村庄距离中心城区的最短路径，进而基于最短路径计算出各个村庄到中心城区的时间距离，并以此来代表各个村庄到中心城区的距离，结果如图 4-12 所示。总体来看，来安县各个村庄到中心城区的时间距离呈现出“中心城区为低值区，向外则指标值逐步增加”的放射状空间形态，其中，北部的杨郢乡和半塔镇、南部的三城镇、东部的独山镇和雷官镇的部分村庄距离中心城区的时间距离最大，表明这些村庄的交通区位条件不佳，到中心城区的可达性较差。

（3）道路网密度

道路网密度是衡量村庄交通区位条件优劣的又一重要指标，直接反映了村庄的交通基础设施条件。以来安县现状道路作为基础数据，包括国道、省道、县道、乡道和村庄道路，再利用 ArcGIS 空间分析模块计算各个村庄的道路网密度，结果如图 4-13 所示。总体来看，来安县村庄道路网密度的高值区主要集中在县域的西部、中部和南部，并从杨郢乡的南部村庄开始，沿着舜山镇、新安镇、水口镇、汉河镇的部分村庄形成了一条村庄道

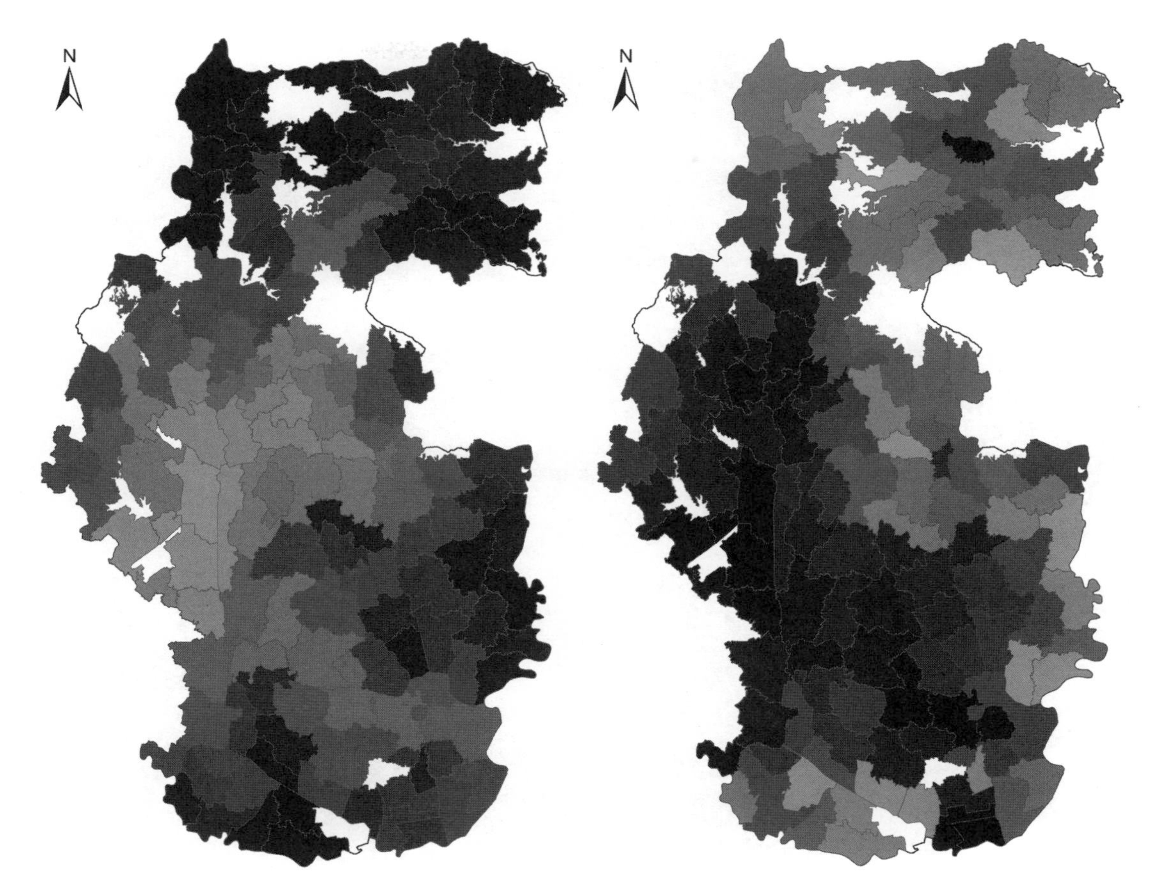

图 4-12　来安县村庄距中心城区的距离空间分析图　　图 4-13　来安县村庄道路网密度空间分析图

路网密度的高值带，在该高值带的两侧则形成了一个明显的高值集聚区。此外，在半塔镇的中部由多个村庄构成了一个明显的道路网密度的较高值区。

4.3.5　经济发展评价

(1) 经济作物种植面积

经济作物种植面积反映了村庄发展经济的能力和水平。以来安县经济作物种植数据为基础，在 ArcGIS 中对其进行可视化表达，结果如图 4-14 所示。总体来看，来安县北部各乡镇村庄的经济作物种植面积明显大于南部地区，"北高南低"的特点较为明显。北部的杨郢乡、半塔镇的西部村庄、舜山镇和张山镇的北部村庄共同构成了全县最大的经济作物种植集中区。除此之外，其他地区村庄的经济作物种植面积均较小。

(2) 可支配收入

可支配收入直接反映了村庄的经济发展水平。以来安县统计数据为基础，在 ArcGIS 中对其进行可视化表达，结果如图 4-15 所示。总体来看，

图 4-14　来安县村庄经济作物种植面积空间分析图　　图 4-15　来安县村庄可支配收入空间分析图

村庄可支配收入在来安县域范围内呈现出明显的散点状空间分布状态，可支配收入较高的村庄主要分布在中心城区和乡镇政府驻地的周边区域，而可支配收入较低的村庄则呈不规则的随机分布状态。

4.3.6　公共设施评价

（1）公共服务设施面积

公共服务设施是乡村生活、生产的重要支撑和保障，是乡村发展水平的重要表征指标之一。利用来安县的土地利用调查数据和相关统计数据，在 ArcGIS 中对其进行分析和可视化表达，结果如图 4-16 所示。总体来看，来安县域村级公共服务设施仍然处于两极分化和相对缺乏的状态，中心城区和乡镇政府驻地周边的部分村庄的公共服务设施指标值较高，其他村庄则较低，未来村庄公共服务设施提升的空间较大。

（2）基础服务设施面积

基础服务设施既是乡村生活、生产的重要支撑和保障，也是乡村发展水平的重要表征指标。利用来安县的土地利用调查数据和相关统计数据，在 ArcGIS 中对其进行分析和可视化表达，结果如图 4-17 所示。总体来看，县域北部的半塔镇、中部的新安镇、南部的水口镇和汊河镇的村庄其基础服务设施指标值较高，其他村庄则较低，未来村庄基础服务设施需要提升的空间仍较大。

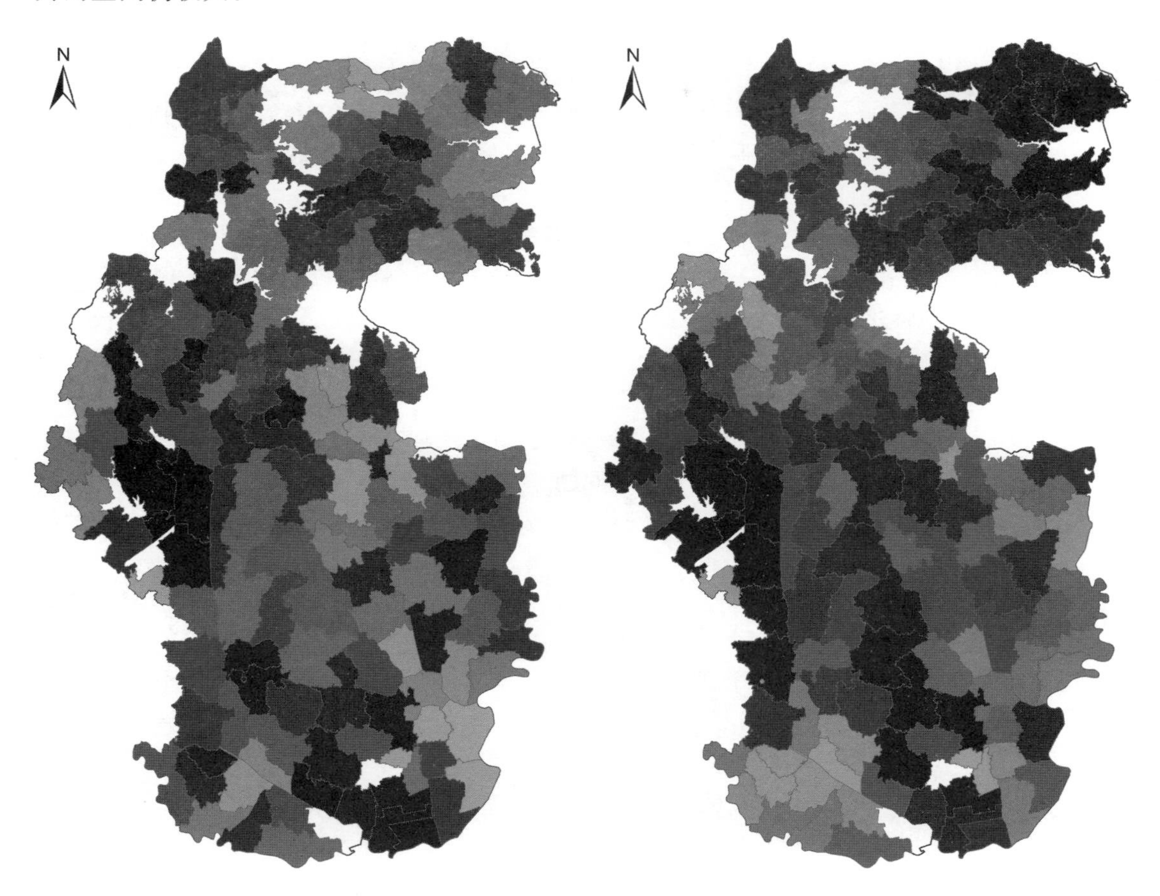

图4-16　来安县村庄公共服务设施面积空间分析图　　图4-17　来安县村庄基础服务设施面积空间分析图

4.4　综合评价结果

4.4.1　指标合并方法选择

在完成上述来安县 6 大准则及其 15 个具体指标的单项评价后，就可以进行指标的综合集成处理，由此得到来安县最终的乡村发展综合评价结果。根据第 2.5 节的“评价指标合并”方法，可应用线性加权和法逐层向上计算而得到最终的乡村发展综合指数。一般而言，具体计算过程可总结如下：

（1）以自然环境准则层为例，用排序法、层次分析法或熵权法等方法计算高程、坡度、灾害风险等级 3 个指标的权重，再用线性加权和法计算自然环境准则的值，同理计算资源禀赋准则的值。

（2）在资源环境约束层下，计算自然环境和资源禀赋的权重，再进行线性加权求和，从而得到资源环境约束层的值。

（3）同理，计算得到经济社会约束层的值，此时需要首先计算发展规模、交通区位、经济发展、公共设施 4 个准则的值和权重。

（4）计算资源环境和经济社会的权重，再利用线性加权和法对两者进行综合集成，由此得到最终的乡村发展综合指数。

上述过程是经典的基于线性加权和法的综合评价方法及其流程。显然，这个过程是一个“权重计算—线性加权求和”的循环反复，涉及大量的数据计算，同时，反复的权重计算也难以确保精确性。当然，也可以采用所谓大排队的方法分两次计算：首先，一次性计算所有指标层的指标权重，即一次性计算 15 个指标的权重；其次，应用线性加权和法对 15 个指标一次性进行综合集成，由此得到最终的评价结果。这样虽然减少了计算权重与线性加权求和的次数，但也面临一个难点，即 15 个指标的权重问题。此时，排序法难以被应用，无法判断 15 个指标的重要性次序；而层次分析法同样难以被应用，在其 1—9 标度的方法框架下，15 个指标两两比较得出判断矩阵必将是一个棘手问题。

基于上述分析，来安县乡村发展评价的指标综合将采用第 2.5 节的投影寻踪方法。根据前述分析可知，投影寻踪方法是处理高维复杂数据的一个高效技术，其把传统的权重计算和指标综合有机集成起来，是当前数据处理领域的一个重要技术方法。具体来看，来安县共计 130 个行政村评价单元，共有 15 个评价指标，应用投影寻踪模型就是要计算 130 个样本在 15 维的高维数据结构体系下的最佳一维投影值，即 130 个乡村发展综合指数，总体计算过程如下：

（1）对指标数据进行标准化处理。由于各个指标的单位和量纲不同，为了消除指标的量纲差异以及使指标数据保持逻辑的一致性，需要对指标进行标准化处理，具体应用极差标准化方法。在来安县乡村发展评价的 15 个指标中，高程、坡度、灾害风险等级、距中心城区的距离、距交通干线的距离 5 个指标为负向指标，其余指标皆为正向指标。对于正向指标，采用公式(2-1)进行处理，对于负向指标，采用公式(2-2)进行处理。

（2）根据投影寻踪模型的原理，在商业数学软件(Matlab)中应用其遗传算法工具箱进行模型求解，由此得到 15 个指标的最佳投影方向，进而得到 130 个行政村的一维投影值，即来安县乡村发展综合指数。

（3）根据乡村发展综合指数的大小和分布情况展开进一步的分析。

4.4.2 行政村综合评价结果

利用投影寻踪方法计算得到来安县 130 个行政村的乡村发展综合指数，具体如表 4-2 所示。总体来看，来安县乡村发展综合指数的最大值为建成区的 2.646 1，最小值为小山村的 0.162 3，平均值为 0.764 0。在所有

130个参与评价的行政村中，大于平均值的有 61 个行政村，占比为 46.92%；小于平均值的行政村有 69 个，占比为 53.08%。所有行政村的乡村发展综合指数的标准差为 0.301 7，占平均值的 39.49%，表明各个行政村之间的发展差异较大。

表 4-2　来安县乡村发展综合指数一览表

村庄	综合指数	村庄	综合指数	村庄	综合指数
白露村	0.785 5	红旗村	0.782 9	史郢村	0.652 8
白云村	0.613 2	红星村	0.496 8	双塘村	1.093 8
半塔村	1.045 7	黄坝村	0.915 2	水东村	1.009 2
宝山村	0.709 9	黄牌村	1.127 3	水西村	1.010 5
宝塔村	0.584 0	黄桥村	0.706 0	舜山村	0.989 0
北涧村	0.536 9	黄郢村	0.651 2	松郢村	0.702 5
汉河村	1.244 5	夹埂村	1.217 3	孙桥村	0.805 2
陈官村	0.422 6	贾龙村	0.687 3	唐桥村	0.709 9
陈塘村	0.528 0	建城区	2.646 1	桃花村	0.995 0
程集村	0.501 9	涧里村	0.675 5	桃庄村	0.757 9
储茂村	0.387 2	江青圩村	1.371 2	天涧村	0.476 2
大安村	0.779 9	姜湖村	0.850 5	王集村	0.598 4
大黄村	0.650 0	街镇村	0.919 2	王来村	0.777 7
大刘郢村	0.650 0	静波村	0.824 5	王巷村	0.447 8
大塘村	0.767 4	雷官村	0.855 7	文山村	0.638 5
大雅村	0.656 6	练山村	0.677 2	五岔村	0.815 2
大英村	1.132 2	林桥村	1.003 0	五里村	0.512 6
大余郢村	0.763 1	六郎村	0.701 0	武集村	0.784 6
岱山村	0.926 3	龙湖村	0.604 0	西王村	1.175 4
倒桥村	0.952 9	龙山村	0.804 1	西武村	0.772 3
丁城村	0.712 2	罗顶村	0.859 0	仙山村	0.710 5
东岳村	0.642 3	罗庄村	0.842 6	相官村	1.106 1
董青村	0.590 6	马厂村	0.488 1	小山村	0.162 3
陡山村	0.490 1	马头村	0.254 7	新河村	0.769 0
独山村	0.581 4	南沛村	0.764 1	邢港村	0.288 7
渡口村	0.514 6	埝塘村	0.841 8	兴隆村	0.327 8
顿邱村	0.720 5	庞河村	0.801 5	烟陈村	0.603 6

续表 4-2

村庄	综合指数	村庄	综合指数	村庄	综合指数
冯巷村	0.771 3	炮咀村	0.976 1	延塘村	0.514 8
伏湾村	0.916 5	裴集村	0.630 2	杨渡村	0.321 0
复兴村	1.072 9	彭岗村	0.366 2	仰山村	0.991 9
高场村	0.588 5	平洋村	1.340 5	拥巷村	1.026 8
高隍村	0.933 3	七里村	1.963 3	永兴村	0.788 4
高山村	0.385 2	桥湾村	0.512 6	油坊村	0.673 2
高郢村	0.515 3	桥西村	0.697 0	余庄村	0.645 7
苟滩村	0.737 0	青龙村	0.782 9	鱼塘村	0.630 2
固镇村	0.664 6	清水村	0.839 9	枣林村	0.839 8
广大村	0.381 4	曲涧村	0.522 6	张堡村	0.665 3
广佛村	0.911 9	三城村	0.584 1	张储村	0.709 9
广洋村	0.720 7	三湾村	0.864 8	张山村	0.864 7
郭郢村	0.978 6	上蔡村	0.830 7	长山村	0.753 3
何郢村	0.590 3	沈圩村	0.206 3	志凡村	0.762 6
和平村	1.046 5	施官村	0.789 5	中所村	0.521 3
河口村	0.522 2	十里村	1.115 9	—	—
河西村	0.915 7	石固村	0.980 8	—	—

(1) 空间格局

在 ArcGIS 中将来安县乡村发展综合指数进行可视化表达，结果如图 4-18 所示。根据乡村发展综合指数空间分析图可知，来安县域中部地区的乡村发展综合指数最高，南部地区次之，而北部地区的乡村发展综合指数最低，全县乡村发展综合指数呈现出“中高，南中，北低”的空间格局特征。在具体的空间分布形态上，乡村发展综合指数较高的区域在县域空间上主要呈现出“一带两区”的空间结构形态。其中，“一带”是沿县域南北向分布并呈弧状形态的乡村发展高水平带，主要包括半塔镇、舜山镇、新安镇、水口镇和汊河镇的部分村庄；“两区”之一是现状县政府所在地的建成区及其周边区域的高水平乡村发展集聚区，之二是位于县域南部水口镇和汊河镇的高水平乡村发展集聚区。

(2) 空间分区

根据 130 个行政村的乡村发展综合指数的数据分布特点，将来安县分成五个乡村发展水平分区：高水平区（乡村发展综合指数＞1.2）、较高水平区（1.0＜乡村发展综合指数≤1.2）、中水平区（0.75＜乡村发展综合指数≤1.0）、较低水平区（0.5＜乡村发展综合指数≤0.75）和低水平区（乡村发展综合指数≤0.5），结果详见表 4-3。

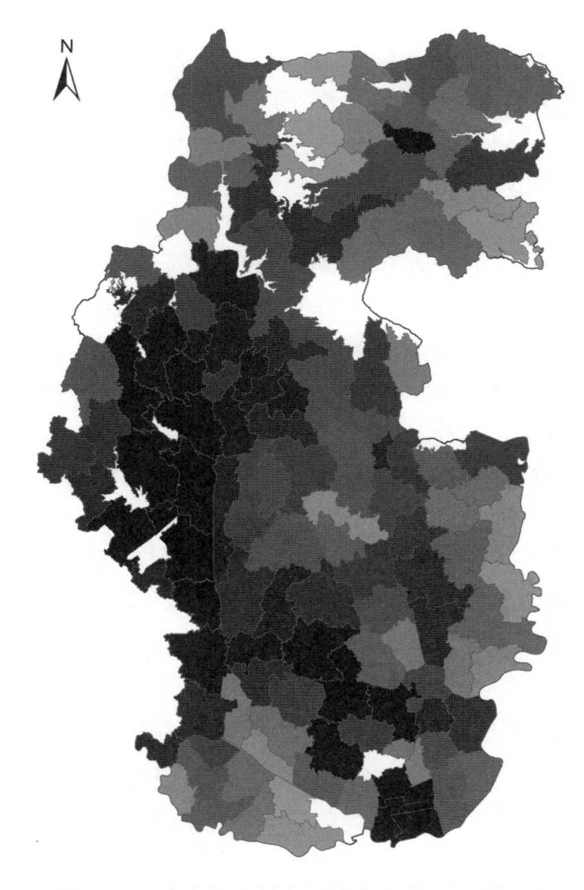

图 4-18　来安县乡村发展综合指数空间分析图

表 4-3　来安县乡村发展水平分区一览表

分区	高水平区	较高水平区	中水平区	较低水平区	低水平区
行政村数量/个	6	13	46	49	16
占比/%	4.62	10.00	35.38	37.69	12.31

来安县较低水平区和中水平区的行政村数量最多，分别为 49 个和 46 个，合计 95 个，共占全部行政村数量的 73.07%，处于绝对优势地位。高水平区的行政村数量最少，仅为 6 个，较高水平区的行政村数量为 13 个，这两类分区的行政村数量合计 19 个，共占全部行政村数量的 14.62%。低水平区的行政村数量为 16 个，占全部行政村数量的 12.31%。总体来看，来安县乡村发展主要集中在中等及以下分区，高水平区和较高水平区的行政村数量相对较少，这也再次说明了来安县域乡村之间在发展水平上存在较大差异，具有显著的不平衡特点。

来安县五大乡村发展水平分区的空间分布情况如图 4-19 所示。高水平区在空间分布上形成两大片区：一是县域中部偏西地区由 4 个行政村相邻构成的高值区；二是县域最南部位于汉河镇由 2 个行政村相邻构成的高值区。

较高水平区在空间上形成了基于“两片＋两村”的 4 个集聚区，分别是县域北部位于半塔镇的半塔村、县域中部地区由 5 个行政村相邻构成的较高值区、县域南部地区由 6 个行政村相邻构成的较高值区，以及位于汊河镇的黄牌村。进一步来看，高水平区和较高水平区共同构成了“一带一村”的空间格局。“一带”即贯穿县域中部偏西地区和县域南部地区、由高水平区和较高水平区相互交错相邻构成的连续型乡村发展带，发展带共包括 18 个在空间上相互邻接的行政村，由此形成了来安县乡村发展水平最高、最具规模的乡村发展空间。“一村”即县域北部位于半塔镇的半塔村。中水平区基本上全部位于县域的中部及其南北两侧地区，形成了其他水平分区的背景或基质。较低水平区和低水平区中除了 4 个独立的行政村以外，其余行政村则全部相互邻接，聚集成团成片，在空间上形成了基于“两带两片”的 4 个集聚区。“两带”包括县域中部（8 个行政村）和县域东部（14 个行政村）的乡村较低水平和低水平发展带，在空间形态上，“两带”中的 22 个行政村呈现出较为明显的相互平行的“J”字形。“两片”包括县域最北部（22 个行政村）和最南部（17 个行政村）的乡村较低水平和低水平发展片区，共计包括 39 个行政村。进一步来看，“两带两片”中的 4 个集聚区是来安县乡村发展水平的洼地区域，其中南北两片和东部一带均处于来安县域边界地区，由此说明来安县域乡村发展水平不仅在数量上存在显著差异，而且在空间上也具有明显的不平衡性。

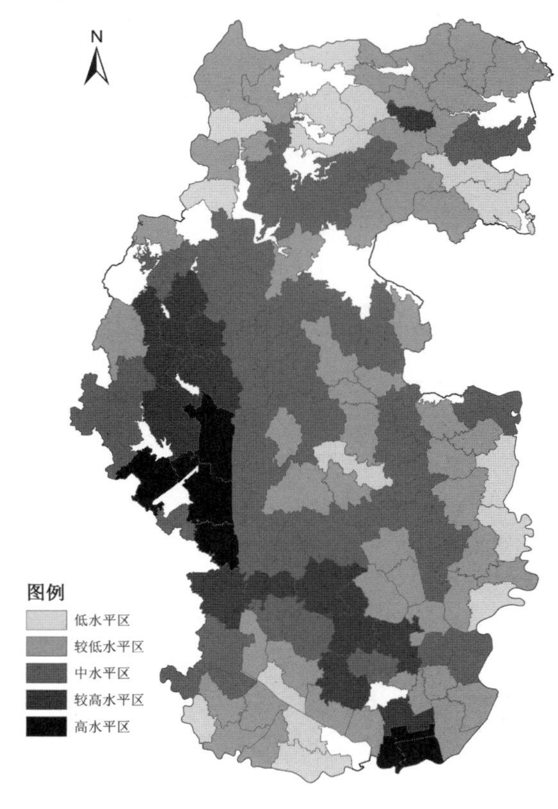

图 4-19　来安县乡村发展水平空间分区图

总体来看，来安县乡村发展水平在空间上形成了“西高、中中、三低”的总体结构。“西高”即以新安镇的全部、舜山镇的南部、水口镇的西部为核心的县域西部乡村发展高水平区；“中中”即以县域中部地区为主体空间的乡村发展中水平区；“三低”则为县域南部、北部和东部三大边界地区的乡村发展低水平区。此外，以“西高”为圆心，基本上形成了向北、向东、向南的连续过渡的乡村发展水平分区，其近似于一种放射状的空间分区形态结构，由此奠定了来安县乡村发展水平的总体结构体系，为进一步构建发展策略提供了决策依据。

建议要加大力度解决来安县域乡村发展不平衡问题。对于高水平区的乡村，要进一步梳理发展思路，把发展优势化为实际的发展成果，进而成为带动周边乡村发展的龙头与核心。对于低水平区的乡村特别是位于“三低”地区的乡村，要紧抓乡村振兴战略全面实施的重大机遇，立足自身基础，积极补短板，力争变发展洼地为发展高地，从而在整体上进一步提升全县乡村的发展质量和水平。

4.4.3 乡镇综合评价结果

本节以乡镇为基本评价单元，对来安县乡镇所辖行政村的乡村发展综合指数进行统计分析，进而计算乡镇所辖行政村的乡村发展综合指数平均值，并据此对乡镇进行梯队分析，由此为来安县乡村发展提供更为翔实、全面的决策支持。具体而言，对来安县 12 个乡镇所辖行政村的乡村发展综合指数进行统计分析，结果如表 4-4 所示。

表 4-4 来安县各乡镇的乡村发展综合指数统计分析表

乡镇	下辖行政村数量/个	乡村发展综合指数最小值	乡村发展综合指数最大值	乡村发展综合指数平均值	乡村发展综合指数标准差
三城镇	9	0.206 3	0.916 5	0.577 6	0.211 9
半塔镇	21	0.162 3	1.045 7	0.581 6	0.210 3
雷官镇	9	0.321 0	0.855 7	0.596 0	0.180 1
杨郢乡	7	0.490 1	0.824 5	0.634 9	0.136 9
独山镇	7	0.447 8	0.785 5	0.629 0	0.126 0
施官镇	14	0.366 2	0.919 2	0.713 4	0.131 8
汊河镇	14	0.387 2	1.371 2	0.772 8	0.309 6
大英镇	5	0.650 0	1.132 2	0.846 0	0.187 9
水口镇	15	0.514 6	1.217 3	0.878 8	0.192 8
张山镇	9	0.737 0	0.995 0	0.881 5	0.102 5
舜山镇	10	0.677 2	1.072 9	0.909 1	0.143 9
新安镇	10	0.788 4	2.646 1	1.244 5	0.605 1

(1) 总体分析

根据表 4-4 可知，以各个乡镇行政村的乡村发展综合指数平均值为标准，则新安镇的乡村发展水平最高，其值高达 1.244 5，是所有 12 个乡镇中唯一值大于 1 的乡镇；三城镇的乡村发展水平最低，其值仅为 0.577 6。最高值是最低值的 2.154 6 倍，说明来安县各个乡镇之间的乡村发展水平具有较大差异。同时，12 个乡镇行政村的乡村发展综合指数平均值的均值为 0.772 1，大于 0.772 1 和小于 0.772 1 的乡镇各有 6 个，说明来安县各个乡镇的乡村发展水平具有明显的"高低两等分"特点。从乡镇内部各个行政村的发展差异来看，以各个乡镇行政村的乡村发展综合指数的标准差为标准，新安镇的值最大为 0.605 1，表明其下辖行政村之间在发展水平上差异最大，具有明显的不均衡性；其次为汊河镇，其值为 0.309 6，说明其内部乡村之间的发展差异大；再次为三城镇和半塔镇，其值分别为 0.211 9 和0.210 3，可见两镇内部的乡村发展差异较大；最后为其他的 8 个乡镇，其标准差均小于 0.2，说明其内部乡村发展差异相对较小。其中，张山镇的值仅为 0.102 5，是所有乡镇中的最低值，说明其下辖行政村之间在发展水平上的差异最小，相对最为均衡。

(2) 乡镇分析

来安县各个乡镇的乡村发展水平可总结如下：

① 三城镇

三城镇下辖 9 个行政村，在 ArcGIS 中对行政村的乡村发展综合指数进行了分析和可视化表达，结果如图 4-20 所示。其中，伏湾村的乡村发展综合指数最大，为 0.916 5；沈圩村的乡村发展综合指数最小，为 0.206 3。三城镇所有行政村的乡村发展综合指数的平均值为 0.577 6，标准差则为 0.211 9，各行政村的发展水平相差较大。同时，在三城镇 9 个行政村中，乡村发展综合指数大于平均值的有 5 个行政村，占比为 55.56%；小于平均值的有 4 个行政村，占比为 44.44%。这也从侧面说明了三城镇乡村发展的不均衡性。在空间分布上，三城镇镇域西部的 6 个行政村（伏湾村、冯巷村、涧里村、天涧村、三城村、固镇村）的乡村发展综合指数明显高于东部的

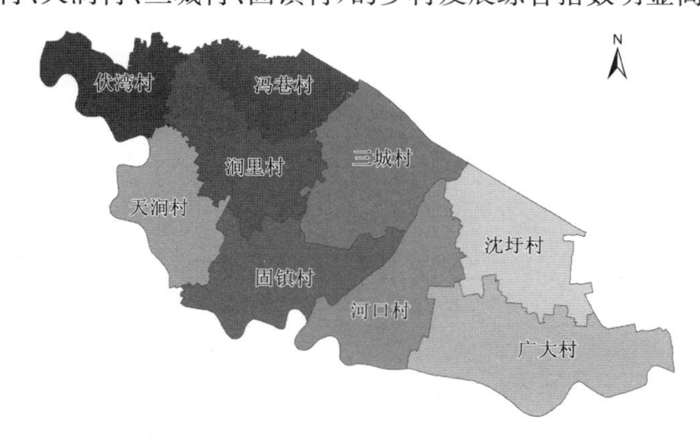

图 4-20　三城镇乡村发展综合指数空间分析图

注：颜色由浅到深表明指标值由小到大；空白区域不参加评价。图 4-21 至图 4-32 同。

3 个行政村(河口村、广大村、沈圩村),乡村发展水平在空间上形成了较明显的“西高东低”的总体格局。

② 半塔镇

半塔镇下辖 21 个行政村,在 ArcGIS 中对行政村的乡村发展综合指数进行分析和可视化表达,结果如图 4-21 所示。其中,半塔村的乡村发展综合指数最大,为 1.045 7;小山村的乡村发展综合指数最小,为 0.162 3。半塔镇所有行政村的乡村发展综合指数的平均值为 0.581 6,标准差则为 0.210 3,各行政村的发展水平相差较大。同时,在三城镇 21 个行政村中,乡村发展综合指数大于平均值的有 14 个行政村,占比为 66.66%;小于平均值的有 7 个行政村,占比为 33.34%。这也进一步说明了半塔镇乡村发展的不均衡性。在空间分布上,半塔镇形成了一个倒“T”字形的乡村发展高水平区。其中,一带呈自西南向东北的南北对角线态势,共包括罗庄村、大众郢村、丁城村、半塔村、黄郢村、松郢村、大刘郢村和鱼塘村 8 个行政村;另一带则以龙湖村、红旗村为主体构成了东西向的高水平发展带。总体来看,半塔镇以南北对角线高水平发展带为分界线,其西北侧的乡村发展综合指数均较低,而东南侧的乡村发展综合指数均较高,形成了较明显的“西北低东南高”的总体格局。

图 4-21　半塔镇乡村发展综合指数空间分析图

③ 雷官镇

雷官镇下辖 9 个行政村,在 ArcGIS 中对行政村的乡村发展综合指数进行分析和可视化表达,结果如图 4-22 所示。其中,雷官村的乡村发展综合指数最大,为 0.855 7;杨渡村的乡村发展综合指数最小,为 0.321 0。雷官镇所有行政村的乡村发展综合指数的平均值为 0.596 0,标准差则为 0.180 1,各行政村的发展水平相差较小。同时,在雷官镇 9 个行政村中,乡村发展综合指数大于平均值的有 4 个行政村,占比为 44.44%;小于平均值的有 5 个行政村,占比为 55.56%。这也进一步说明了雷官镇乡村发展的

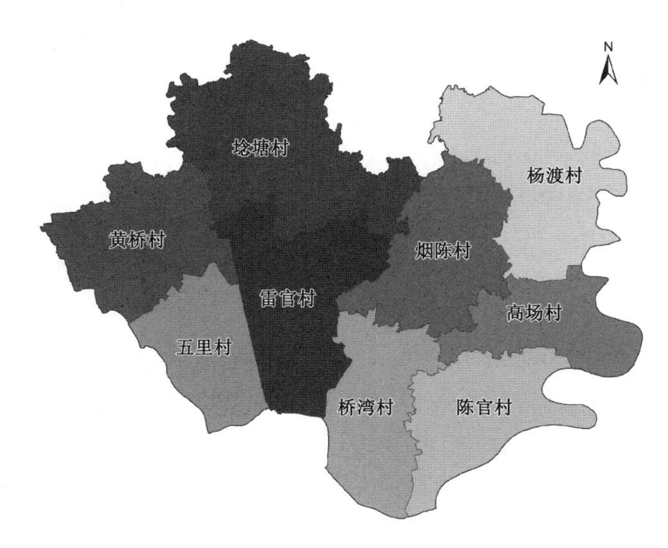

图 4-22　雷官镇乡村发展综合指数空间分析图

不均衡问题较小。在空间分布上，雷官镇形成了一个近似于"十"字形的乡村发展高水平区。其中，东西向的一横包括黄桥村、烟陈村和高场村；南北向的一纵则包括埝塘村和雷官村。除此之外，其他 4 个村的乡村发展综合指数均较低。

④ 杨郢乡

杨郢乡下辖 7 个行政村，在 ArcGIS 中对行政村的乡村发展综合指数进行分析和可视化表达，结果如图 4-23 所示。其中，静波村的乡村发展综合指数最大，为 0.824 5；陡山村的乡村发展综合指数最小，为 0.490 1。杨郢乡所有行政村的乡村发展综合指数的平均值为 0.634 9，标准差则为 0.136 9，各行政村的发展水平相差较小。同时，在杨郢乡 7 个行政村中，乡村发展综合指数大于平均值的有 4 个行政村，占比为 57.14%；小于平均值的有 3 个行政村，占比为 42.86%。这也说明了杨郢乡在乡村发展上存在一定的不均衡性。在空间分布上，杨郢乡南部的静波村和志凡村的发展水平明显高于其他行政村，宝山村则紧随其后，其他行政村的发展水平则较低。

⑤ 独山镇

独山镇下辖 7 个行政村，在 ArcGIS 中对行政村的乡村发展综合指数进行分析和可视化表达，结果如图 4-24 所示。其中，白露村的乡村发展综合指数最大，为 0.785 5；王巷村的乡村发展综合指数最小，为 0.447 8。独山镇所有行政村的乡村发展综合指数的平均值为 0.629 0，标准差则为 0.126 0，各行政村的发展水平相差较小。同时，在独山镇 7 个行政村中，乡村发展综合指数大于平均值的有 4 个行政村，占比为 57.14%；小于平均值的有 3 个行政村，占比为 42.86%。这也说明了独山镇在乡村发展上存在一定的不均衡性。在空间分布上，独山镇南部的白露村和北部的青龙村的发展水平明显高于其他行政村，史郢村和裴集村则紧随其后，其他行政村的发展水平则较低。

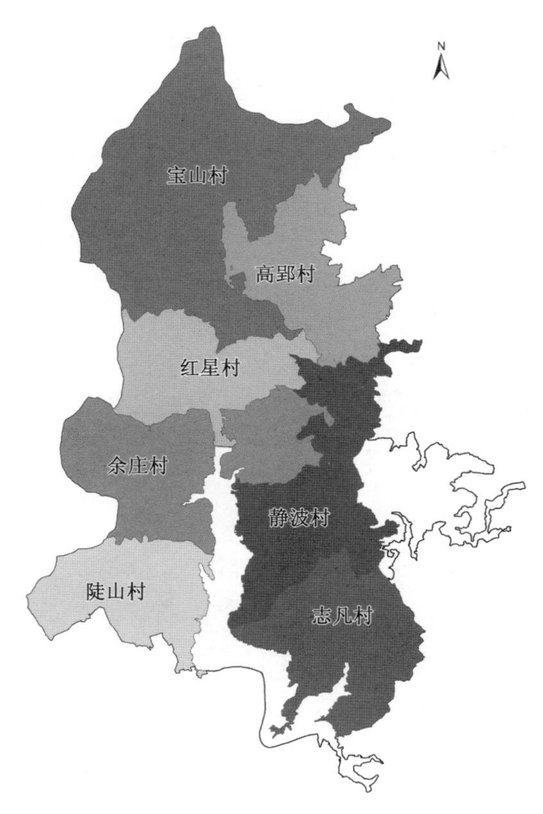

图 4-23　杨郢乡乡村发展综合指数空间分析图

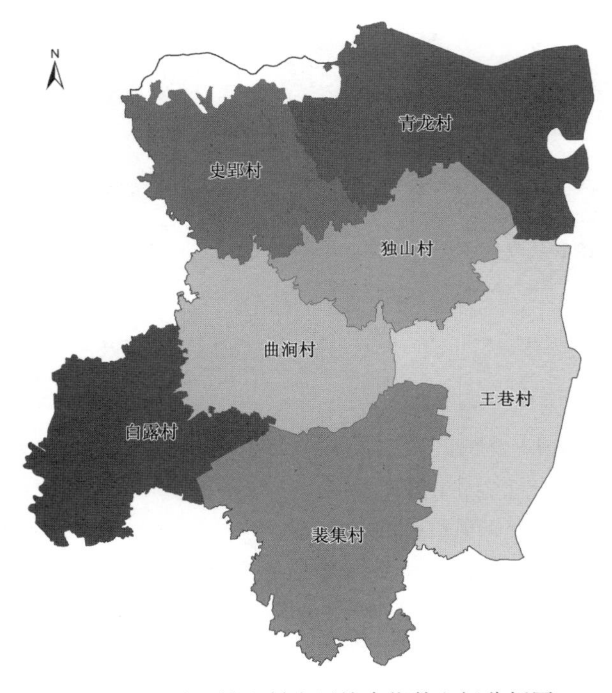

图 4-24　独山镇乡村发展综合指数空间分析图

⑥ 施官镇

施官镇下辖 14 个行政村，在 ArcGIS 中对行政村的乡村发展综合指数进行分析和可视化表达，结果如图 4-25 所示。其中，街镇村的乡村发展综合指数最大，为 0.919 2；彭岗村的乡村发展综合指数最小，为 0.366 2。施官镇所有行政村的乡村发展综合指数的平均值为 0.713 4，标准差则为 0.131 8，各行政村的发展水平相差较小。同时，在施官镇 14 个行政村中，乡村发展综合指数大于平均值的有 8 个行政村，占比为 57.14%；小于平均值的有 6 个行政村，占比为 42.86%。这也说明了施官镇在乡村发展上存在一定的不均衡性。在空间分布上，施官镇东部的龙山村、街镇村、施官村、大塘村和镇域西部的西武村、南沛村的发展水平明显高于其他行政村，其他行政村的发展水平则较低。

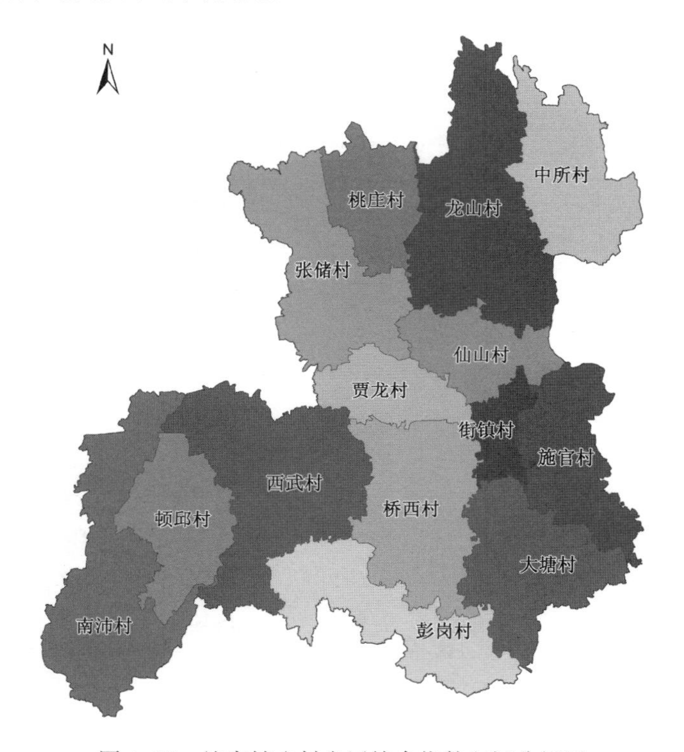

图 4-25　施官镇乡村发展综合指数空间分析图

⑦ 汉河镇

汉河镇下辖 14 个行政村，在 ArcGIS 中对行政村的乡村发展综合指数进行分析和可视化表达，结果如图 4-26 所示。其中，江青圩村的乡村发展综合指数最大，为 1.371 2；储茂村的乡村发展综合指数最小，为 0.387 2。汉河镇所有行政村的乡村发展综合指数的平均值为 0.772 8，标准差则为 0.309 6，各行政村的发展水平相差非常大。同时，在汉河镇 14 个行政村中，乡村发展综合指数大于平均值的有 5 个行政村，占比为 35.71%；小于平均值的有 5 个行政村，占比为 64.29%。这也再次说明了汉河镇在乡

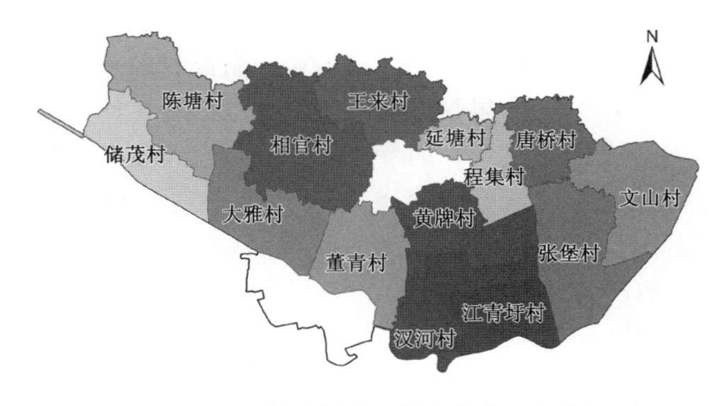

图 4-26　汉河镇乡村发展综合指数空间分析图

村发展上具有较大的不均衡性。在空间分布上，汉河镇南部的江青圩村、汉河村、黄牌村和镇域北部的王来村、相官村的发展水平明显高于其他行政村，其他行政村的发展水平则较低。

⑧ 大英镇

大英镇下辖 5 个行政村，在 ArcGIS 中对行政村的乡村发展综合指数进行分析和可视化表达，结果如图 4-27 所示。其中，大英村的乡村发展综合指数最大，为 1.132 2；大黄村的乡村发展综合指数最小，为 0.650 0。大英镇所有行政村的乡村发展综合指数的平均值为 0.846 0，标准差则为 0.187 9，各行政村的发展水平相差较小。同时，在大英镇 5 个行政村中，乡村发展综合指数大于平均值的有 2 个行政村，占比为 40.00%。小于平均值的有 3 个行政村，占比为 60.00%。这也说明了大英镇在乡村发展上具有一定的不均衡性。在空间分布上，大英镇 5 个行政村的发展水平呈梯度特征明显，大英村的发展水平最高，后面依次是广佛村、五岔村、广洋村和大黄村。

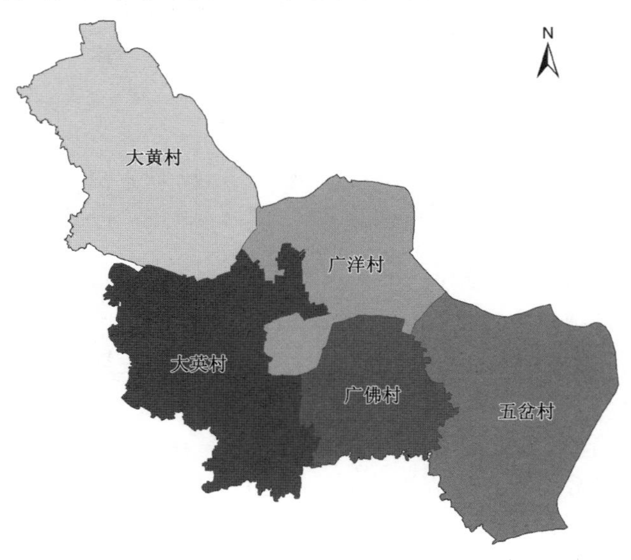

图 4-27　大英镇乡村发展综合指数空间分析图

⑨ 水口镇

水口镇下辖 15 个行政村，在 ArcGIS 中对行政村的乡村发展综合指数进行分析和可视化表达，结果如图 4-28 所示。其中，夹梗村的乡村发展综合指数最大，为 1.217 3；渡口村的乡村发展综合指数最小，为 0.514 6。水口镇所有行政村的乡村发展综合指数的平均值为 0.878 8，标准差则为 0.192 8，各行政村的发展水平相差较小。同时，在水口镇 15 个行政村中，乡村发展综合指数大于平均值的有 7 个行政村，占比为 46.67%；小于平均值的有 8 个行政村，占比为 53.33%。这也说明了水口镇在乡村发展上具有一定的不均衡性。在空间分布上，水口镇域西部的夹梗村、水西村和镇域东部的拥巷村、西王村的发展水平明显高于其他行政村，其他行政村的发展水平则较低。

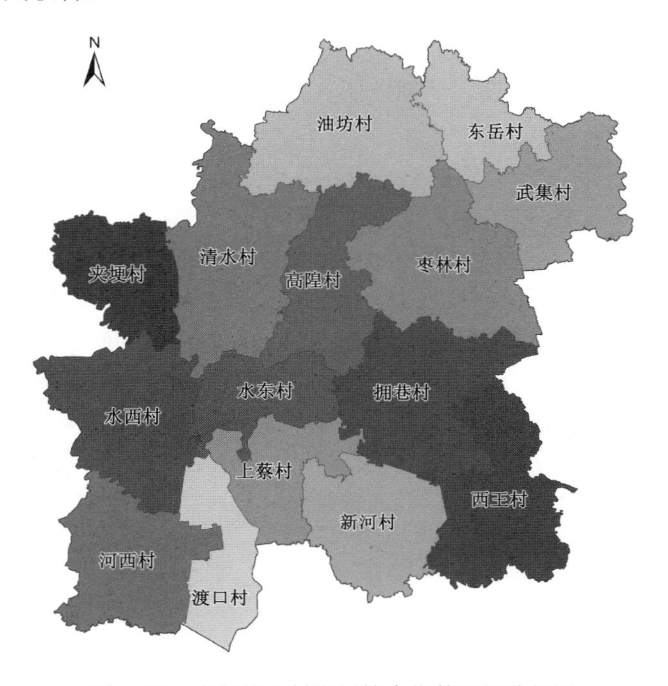

图 4-28 水口镇乡村发展综合指数空间分析图

⑩ 张山镇

张山镇下辖 9 个行政村，在 ArcGIS 中对行政村的乡村发展综合指数进行分析和可视化表达，结果如图 4-29 所示。其中，桃花村的乡村发展综合指数最大，为 0.995 0；荀滩村的乡村发展综合指数最小为 0.737 0。张山镇所有行政村的乡村发展综合指数的平均值为 0.881 5，标准差则为 0.102 5，各行政村的发展水平相差较小。同时，在张山镇 9 个行政村中，乡村发展综合指数大于平均值的有 4 个行政村，占比为 44.44%；小于平均值的有 5 个行政村，占比为 55.56%。这也说明了张山镇在乡村发展上的不均衡性较小。在空间分布上，张山镇域南部的桃花村、仰山村和郭郢村的发展水平明显高于其他行政村，其他行政村的发展水平则较低。同时，在

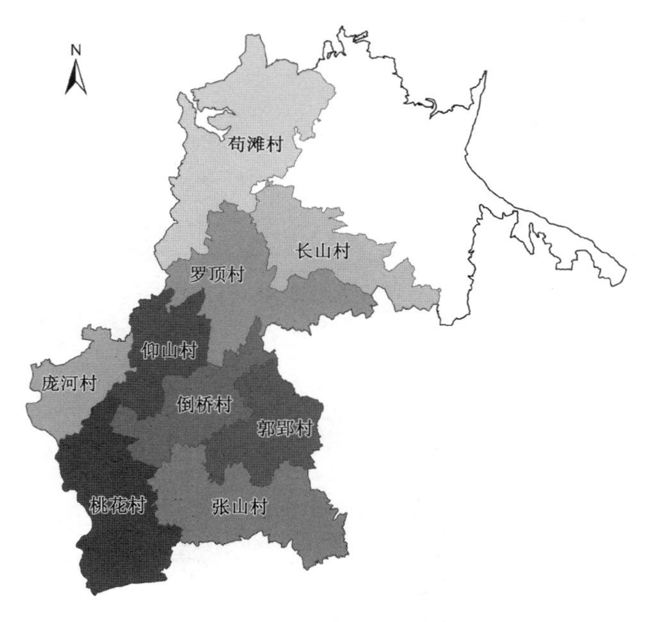

图 4-29　张山镇乡村发展综合指数空间分析图

空间上形成了较为明显的"南高北低"的总体格局。

⑪ 舜山镇

舜山镇下辖 10 个行政村，在 ArcGIS 中对行政村的乡村发展综合指数进行分析和可视化表达，结果如图 4-30 所示。其中，复兴村的乡村发展综合指数最大，为 1.072 9；练山村的乡村发展综合指数最小，为 0.677 2。舜山镇所有行政村的乡村发展综合指数的平均值为 0.909 1，标准差则为 0.143 9，各行政村的发展水平相差较小。同时，在舜山镇 10 个行政村中，乡村发展综合指数大于平均值的有 6 个行政村，占比为 60.00%；小于平均值的有 4 个行政村，占比为 40.00%。这也说明了舜山镇在乡村发展上具有一定的不均衡性。在空间分布上，舜山镇域南部的复兴村、和平村、林桥村和舜山村的发展水平明显高于其他行政村，构成了舜山镇最大的乡村高水平发展集聚区。

⑫ 新安镇

新安镇下辖 10 个行政村，在 ArcGIS 中对行政村的乡村发展综合指数进行分析和可视化表达，结果如图 4-31 所示。其中，建城区的乡村发展综合指数最大，为 2.646 1；永兴村的乡村发展综合指数最小，为 0.788 4。新安镇所有行政村的乡村发展综合指数的平均值为 1.244 5，标准差则为 0.605 1，各行政村的发展水平相差非常明显。同时，在新安镇 10 个行政村中，乡村发展综合指数大于平均值的有 3 个行政村，占比为 30.00%；小于平均值的有 7 个行政村，占比为 70.00%。这也说明了新安镇在乡村发展上的不均衡性非常大。在空间分布上，新安镇域东部的十里村、建成区、七里村、平洋村构成了一条南北向的乡村高水平发展带，在其两侧的乡村发展水平则较低。总体来看,新安镇的乡村发展水平在空间上形成了较为明显的“东高西低”的总体格局。

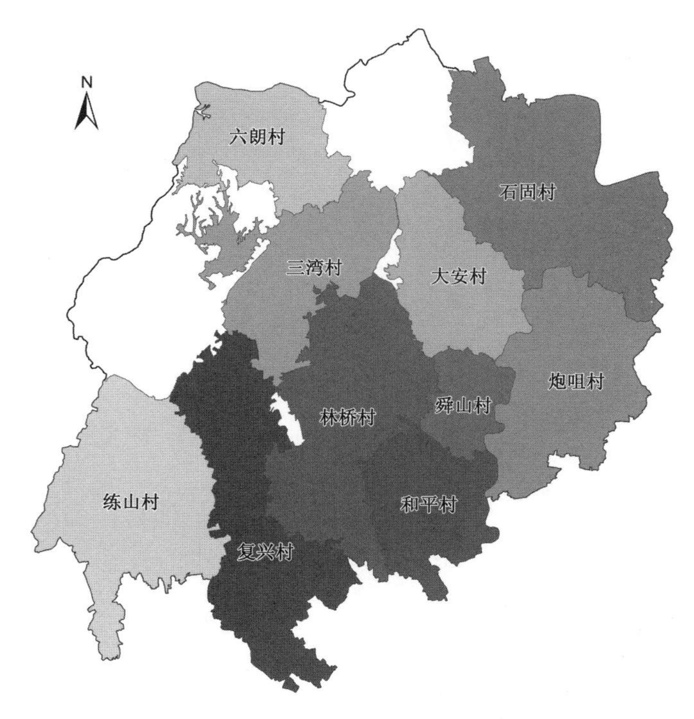

图 4-30 舜山镇乡村发展综合指数空间分析图

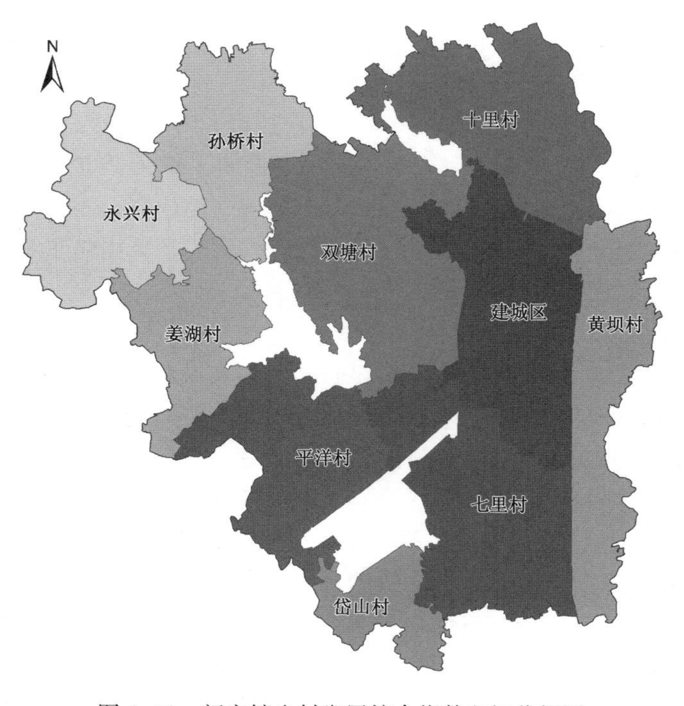

图 4-31 新安镇乡村发展综合指数空间分析图

(3) 空间分区

对各个乡镇的乡村发展综合指数平均值进行汇总分析，结果表明，来安县各个乡镇的乡村发展综合指数平均值位于前三的分别是新安镇、舜山镇和张山镇，其值分别为 1.244 5、0.909 1 和 0.881 5。水口镇和大英镇的乡村发展综合指数平均值也较高，分别位列第 4 位和第 5 位，其值分别为 0.878 8 和 0.846 0。根据各乡镇乡村发展综合指数平均值的大小情况，可以把 12 个乡镇分成 3 个梯队，详见图 4-32。

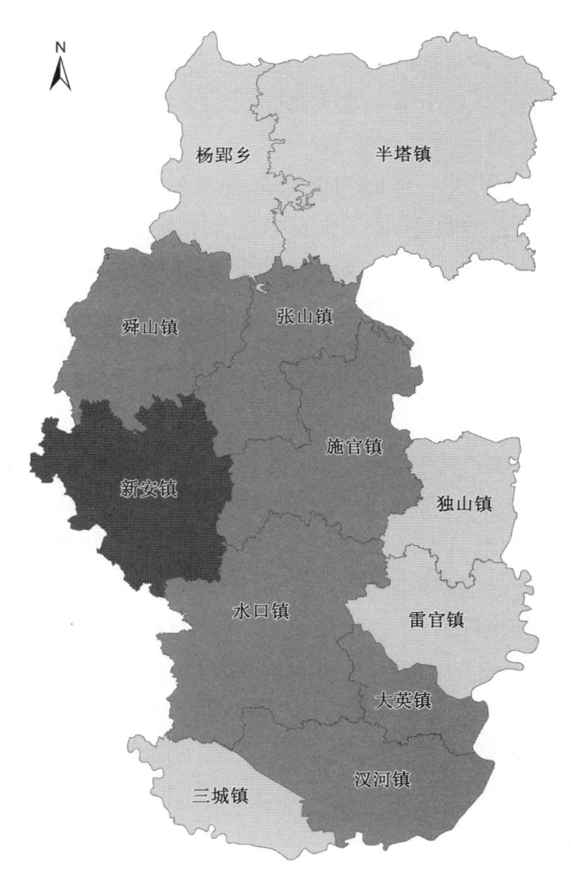

图 4-32　来安县各乡镇乡村发展综合指数平均值空间分区图

根据图 4-32 可知，第一梯队（均值＞1.0）为新安镇，其是来安县政府所在地，乡村发展水平最高，代表了来安县乡村发展的最高水平。第二梯队（0.7＜均值≤1.0）是乡村发展中水平的乡镇，包括舜山镇、张山镇、水口镇、大英镇、汉河镇和施官镇 6 个乡镇。第三梯队（均值≤0.7）则是乡村发展低水平的乡镇，包括杨郢乡、半塔镇、独山镇、雷官镇和三城镇 5 个乡镇。在空间分布上，三大梯队形成了以新安镇为龙头的圈层结构。以新安镇为代表的第一梯队构成了来安县乡村高水平发展的核心区，第二梯队的 6 个乡镇则相互集聚成为一个连续而完整的中水平发展区，而第三梯队代表的乡村发展低水平乡镇则在空间上形成了三大独立片区：一是县域北部的杨郢乡和半塔镇；二是县域东部的独山镇和雷官镇；三是县域南部的三城镇。总体来看，乡村发展高水平、中水平的乡镇共计 7 个，超过了全部乡镇数量的一半，占比为 58.33%，而乡村发展低水平乡镇则占全部乡镇数量的 41.67%，从此点来看，仍可以认为来安县乡村发展水平处于一个较理想的状态。

需指出的是，来安县的新安镇、汊河镇、三城镇和半塔镇这四个镇应引起重视。新安镇的乡村发展水平虽然最高，但其所辖行政村的乡村发展综合指数的标准差高达 0.605 1，说明内部发展的不均衡问题特别突出。当然，这也和新安镇是来安县政府所在地密切相关，其建成区内的村庄发展条件相对最好，由此拉高了乡村发展综合指数。但尽管如此，新安镇乡村发展的不平衡问题仍值得高度重视，应在下一步的乡村振兴战略全面实施中优先解决，从而使其进一步成为引领全县乡村振兴发展的排头兵。

汊河镇是来安县对接南京江北新区的前沿阵地，是安徽、江苏两省毗邻地区实现协同发展的示范区，具有重要的地位和优势。汊河镇的乡村发展水平位于第二梯队，但其值并不高，仅为 0.772 8，位于第 6 位，但其标准差却高达 0.309 6，仅次于新安镇。这就表明汊河镇以中等的发展水平却有着较大的内部不均衡性，这显然既不利于汊河镇乡村的可持续发展，也不利于乡村振兴战略的全面实施，也要引起高度重视。

三城镇和半塔镇也应值得高度关注。首先，两镇均位于来安县的边缘地带，三城镇位于县域的最南端，半塔镇位于县域的最北边，都是边界地区镇，在发展条件和资源分配上存在先天不足。其次，两镇的乡村发展综合指数平均值都较低，三城镇仅为 0.577 6，半塔镇则为 0.581 6，位列来安县 12 个乡镇中的最后两位，但是，两镇的乡村发展综合指数的标准差却较大，分别为 0.211 9 和 0.210 3，这就意味着两镇乡村发展水平低却有着较大的内部不均衡性，“水平低，差异大”是两镇乡村发展状态的客观写照。因此，两镇既要努力提高乡村发展水平，又要着力解决乡村之间的发展差异性，由此在发展水平和发展质量上都需得到进一步提升，为全面实现乡村振兴奠定坚实基础。

4.5 小结

本章以安徽省来安县为案例研究区，具体应用了本书所构建的基于多准则决策方法、投影寻踪分析技术的乡村发展评价研究的理论和技术方法体系，实现了对来安县乡村发展水平和状态的客观、全面、系统的综合评价，由此为来安县乡村分类与整治提供了决策支持和依据。

首先，应用基于 GIS 的多准则决策理论和方法，构建了包括目标层、约束层、准则层和指标层在内的综合评价指标体系，包括资源环境和经济社会 2 个约束、自然环境和资源禀赋等 6 个准则、高程和坡度等 15 个具体指标。

其次，在GIS平台上，对自然环境、资源禀赋、发展规模、交通区位、经济发展、公共设施6个准则的15个指标进行了全面的计算和评价，同时对其空间分布格局特点进行了分析，从而对来安县乡村发展的各个方面进行了全面解读。

再次，应用投影寻踪分析技术实现了评价指标的综合集成，得到了来安县乡村发展的评价结果，计算了130个行政村的乡村发展综合指数，进而对行政村的乡村发展综合指数进行了统计分析和空间可视化。在此基础上，将来安县乡村发展划分为五大分区，即高水平区、较高水平区、中水平区、较低水平区和低水平区，同时对其空间格局特点进行了系统分析。

最后，以来安县12个乡镇为基本评价单元，对乡镇的总体乡村发展水平进行了统计计算，进而对各个乡镇的乡村发展水平及其空间格局特点逐个进行了归纳和分析；同时，将所有乡镇根据发展水平划分为三大梯队，并提出了需要重点关注的四个镇。

综上，本章重点应用投影寻踪分析技术对来安县的乡村发展进行了系统、翔实的综合评价。与休宁县乡村发展评价相比较，来安县乡村发展评价指标体系的层级和数量更多，评价也更为全面，分别从县域总体层面、乡镇层面、行政村层面进行了全面的分析和挖掘。同时，本章紧扣空间格局这一关键点，对不同层面上乡村发展水平的空间分布特点进行了细致地归纳和分析，由此为进一步的乡村分类、整治和优化布局奠定了基础和依据。

5 来安县乡村分类

乡村分类是乡村振兴战略全面实施的前提，乡村在地振兴必须要在乡村科学分类的基础上进行，要根据不同的乡村类别实施不同的在地振兴路径和措施。基于此，本章将以第 4 章来安县乡村发展评价的结果为依据，开展来安县乡村分类实证研究。本章将基于乡村发展评价的理论分类和基于现场调研的实践分类有机结合，并从行政村和自然村两大层面入手，将全县的村庄划分为集聚提升类、城郊融合类、特色保护类和搬迁撤并类四大类型，由此为来安县的乡村在地振兴和村庄规划提供基础支撑。

5.1 政策要求

在关于乡村分类上，除了前文所述的国家相关要求外，各地也纷纷出台了对应的政策措施。作为安徽省的县级行政区，来安县必然要按照安徽省关于村庄分类的政策进行。因此，有必要对安徽省近年来的相关政策予以梳理。

2019 年 9 月，《安徽省自然资源厅关于做好村庄规划工作的通知》(皖自然资规划函〔2019〕589 号)明确提出要做好村庄分类工作，要以行政村为单位，按照集聚提升类、城郊融合类、特色保护类、搬迁撤并类等分类要求，开展村庄分类工作。同时，提出村庄分类要注意征求村民意见，村庄分类结果要进行公示，搬迁撤并类村庄需经村民会议同意。

2020 年 4 月，《安徽省自然资源厅　安徽省农业农村厅关于服务乡村振兴若干政策措施的通知》(皖自然资规〔2020〕1 号)再次明确要求以行政村为基础，做好村庄分类和布局工作，同时在行政村分类的基础上进一步提出要明确每一个自然村的分类属性。这就对村庄分类工作提出了更高的要求，不仅要对行政村进行分类，而且要对行政村下辖的自然村进行分类。

2021 年 2 月，安徽省自然资源厅、安徽省发展和改革委员会、安徽省财政厅、安徽省农业农村厅、安徽省文化和旅游厅五部门联合下发了《安徽省村庄规划三年行动计划(2021—2023 年)》，明确提出要完善村庄分类和布局。市、县(市、区)要结合市、县(市)及乡镇国土空间规划编制，优化城镇开发边界范围外的村庄分类和布局，将村庄分类细化到自然村，重点明确保留类、搬迁撤并类自然村及新建居民点数量和布局。村庄分类要充分征求村民意见并公示，搬迁撤并类村庄要经村民会议同意。搬迁撤并类的村庄，要严格控制在生存条件恶劣、生态环境脆弱、自然灾害频发等地区的村庄，因重大项目建设需要搬迁的村庄，以及人口流失特别严重的村庄。对已经确定为搬迁撤并类的村庄，各市要组织县(市、区)进行核实，在此基础上完善村庄分类方案。同时，文件还对四类村庄的规划提出了具体要求。搬迁撤并类村庄原则上不单独编制村庄规划，纳入乡镇国土空间规划或其他村庄规划，明确管控规则，统筹谋划布局搬迁村民安置用地等。城郊融合类村庄规划应重点考虑城乡产业融合发展、基础设施互联互通、公共服务共建共享等。紧邻开发边界的城郊融合类村庄，可与城镇开发边界内的城镇建设用地统一编制城镇控制性详细规划。集聚提升类村庄重点推进改造提升、激活产业、优化环境、保护乡村风貌等。特色保护类村庄规划应重点保持村庄特色的完整性、真实性和延续性，突出特色空间的品质设计。对重点发展或需要进行较多开发建设、修复整治的村庄，编制实用的综合性村庄规划。对较少开发建设或只进行简单的人居环境整治的村庄，可编制简单性村庄规划，明确生态保护红线、永久基本农田控制线、村庄建设边界、乡村历史文化保护红线、地质灾害和洪涝灾害风险控制线，规定国土空间用途管制规则、建设管控和人居环境整治要求等。

5.2 行政村分类

5.2.1 分类概述

根据第 4 章来安县乡村发展综合评价的结果，特别是依据行政村乡村发展综合指数的大小和区间分布情况，在第 2.6.1 节给出的分类方法支持下，本节在理论上把来安县 130 个行政村划分为集聚提升类、城郊融合类、特色保护类和搬迁撤并类四类村庄，具体的分类方法和步骤如下：

(1) 特色保护类村庄

根据第 2.6.1 节的方法，首先应把特色保护类的村庄划分出来。特色保护类村庄具有特殊重要性，其是展示来安县地域特色文化和风貌的窗口，是来安县传统文化、文物古迹等特色要素、资源和实体的集聚地，应优先予以保护。

(2) 搬迁撤并类村庄

对于搬迁撤并类村庄，从发展评价的角度来看，这类村庄应是乡村发展综合指数低的村庄。根据来安县 130 个行政村的乡村发展综合指数的数值分布特点，首先将乡村发展综合指数≤0.52 的行政村划分为搬迁撤并类村庄，得到初步划分结果；其次根据特色保护类村庄划分结果，对搬迁撤并类村庄的初步划分结果进行校核，即初步划分结果中如果村庄已经被划为特色保护类则要将其排除，由此得到搬迁撤并类村庄的理论划分结果。

(3) 城郊融合类村庄和集聚提升类村庄

将乡村发展综合指数大于0.52的村庄划分为集聚提升类村庄和城郊融合类村庄。根据城郊融合类村庄所处城镇近郊区的特殊区位条件、乡村发展综合指数以及道路可达性覆盖范围，以乡镇政府或县政府为中心，以现状道路为计算路径耗费的基础数据，构建服务区分析模型，进而确定距离中心城区0—1 h车行覆盖范围内以及距离中心镇区6 min车行覆盖范围内的村庄为城郊融合类村庄，其余的村庄则为集聚提升类村庄。

5.2.2 理论分类结果

(1) 集聚提升类村庄

基于第5.2.1节的分类方法和步骤，将来安县的65个行政村划分为集聚提升类村庄。其中，新安镇有5个行政村，半塔镇有6个行政村，水口镇有10个行政村，汊河镇有8个行政村，大英镇有2个行政村，雷官镇有2个行政村，施官镇有10个行政村，舜山镇有6个行政村，三城镇有3个行政村，独山镇有4个行政村，张山镇有6个行政村，杨郢乡有3个行政村，具体结果见表5-1。

表5-1 来安县集聚提升类村庄划分一览表

乡镇	行政村	数量/个
新安镇	岱山村，姜湖村，孙桥村，永兴村，建城区	5
半塔镇	宝塔村，红旗村，龙湖村，松郢村，王集村，鱼塘村	6
水口镇	东岳村，河西村，夹埂村，上蔡村，水东村，武集村，西王村，新河村，油坊村，枣林村	10
汊河镇	汊河村，大雅村，董青村，唐桥村，王来村，文山村，相官村，张堡村	8
大英镇	大英村，五岔村	2
雷官镇	雷官村，烟陈村	2
施官镇	贾龙村，顿邱村，龙山村，南沛村，桥西村，施官村，桃庄村，西武村，张储村，中所村	10
舜山镇	复兴村，练山村，六郎村，三湾村，石固村，舜山村	6
三城镇	伏湾村，河口村，三城村	3
独山镇	独山村，裴集村，青龙村，史郢村	4
张山镇	荀滩村，罗顶村，庞河村，仰山村，张山村，长山村	6
杨郢乡	余庄村，宝山村，志凡村	3
合计		65

(2) 城郊融合类村庄

基于第 5.2.1 节的分类方法和步骤，将来安县的 30 个行政村划分为城郊融合类村庄。其中，新安镇有 4 个行政村，半塔镇有 1 个行政村，水口镇有 4 个行政村，汊河镇有 2 个行政村，大英镇有 2 个行政村，雷官镇有 2 个行政村，施官镇有 3 个行政村，舜山镇有 4 个行政村，三城镇有 3 个行政村，独山镇有 1 个行政村，张山镇有 3 个行政村，杨郢乡有 1 个行政村，具体结果见表 5-2。

表 5-2　来安县城郊融合类村庄划分一览表

乡镇	行政村	数量/个
新安镇	黄坝村，十里村，双塘村，七里村	4
半塔镇	半塔村	1
水口镇	高隍村，清水村，水西村，拥巷村	4
汊河镇	黄牌村，江青圩村	2
大英镇	广佛村，广洋村	2
雷官镇	黄桥村，埝塘村	2
施官镇	仙山村，街镇村，大塘村	3
舜山镇	大安村，和平村，林桥村，炮咀村	4
三城镇	冯巷村，涧里村，固镇村	3
独山镇	白露村	1
张山镇	倒桥村，桃花村，郭郢村	3
杨郢乡	静波村	1
合计		30

(3) 特色保护类村庄

基于第 5.2.1 节的分类方法和步骤，将来安县的 13 个行政村划分为特色保护类村庄，主要分布在新安镇、半塔镇和雷官镇。其中，新安镇有 1 个，即平洋村；半塔镇有 10 个，包括白云村、北涧村、大刘郢村、大余郢村、丁城村、高山村、何郢村、黄郢村、罗庄村和马厂村；雷官镇有 2 个，即高场村和杨渡村，具体结果见表 5-3。

表 5-3　来安县特色保护类村庄划分一览表

乡镇	行政村	数量/个
新安镇	平洋村	1
半塔镇	白云村，北涧村，大刘郢村，大余郢村，丁城村，高山村，何郢村，黄郢村，罗庄村，马厂村	10
雷官镇	高场村，杨渡村	2
合计		13

（4）搬迁撤并类村庄

基于第 5.2.1 节的分类方法和步骤，将来安县的 22 个行政村划分为搬迁撤并类村庄。其中，半塔镇有 4 个行政村，水口镇有 1 个行政村，汊河镇有 4 个行政村，大英镇有 1 个行政村，雷官镇有 3 个行政村，施官镇有 1 个行政村，三城镇有 3 个行政村，独山镇有 2 个行政村，杨郢乡有 3 个行政村，具体结果见表 5-4。

表 5-4　来安县搬迁撤并类村庄划分一览表

乡镇	行政村	数量/个
半塔镇	兴隆村，邢港村，小山村，马头村	4
水口镇	渡口村	1
汊河镇	陈塘村，储茂村，延塘村，程集村	4
大英镇	大黄村	1
雷官镇	陈官村，桥湾村，五里村	3
施官镇	彭岗村	1
三城镇	广大村，沈圩村，天涧村	3
独山镇	曲涧村，王巷村	2
杨郢乡	陡山村，高郢村，红星村	3
合计		22

综上，基于乡村发展评价结果，在理论上将来安县的 130 个行政村划分成四类村庄，即集聚提升类、城郊融合类、特色保护类和搬迁撤并类。其中，集聚提升类的村庄数量最多，共有 65 个行政村，占全部行政村数量的 50.00%；城郊融合类的村庄共有 30 个行政村，占全部行政村数量的 23.08%；特色保护类的村庄共有 13 个行政村，占全部行政村数量的 10.00%；搬迁撤并类的村庄共有 22 个行政村，占全部行政村数量的 16.92%。进一步来看，在 ArcGIS 中对行政村分类结果进行分析和可视化表达，结果如图 5-1 所示。

根据图 5-1 可知，在空间分布上，来安县集聚提升类村庄在县域境内都有分布，但相对集中在县域的南部和中东部地区，构成了最大规模且集中连片的集聚提升类村庄分布区。城郊融合类村庄则主要集中在县域的中部地区，特别是舜山镇、张山镇、新安镇、水口镇四个镇的城郊融合类村庄相互邻接，形成了一条显著的、具有较大规模的城郊融合类村庄分布带。特色保护类村庄主要分布在县域北部的半塔镇。半塔镇是来安县的副县级重点建制镇，具有悠久的人文历史和光荣的革命文化，拥有国家级文物保护单位，应对其加强保护力度，确保其特色文化资源永续传承。搬迁撤并类村庄呈多点散状分布，且大部分为县域边界地区的村庄，这类村庄发展水平较低，离中心城区和镇区距离较远，接受辐射和带动的条件有限，在

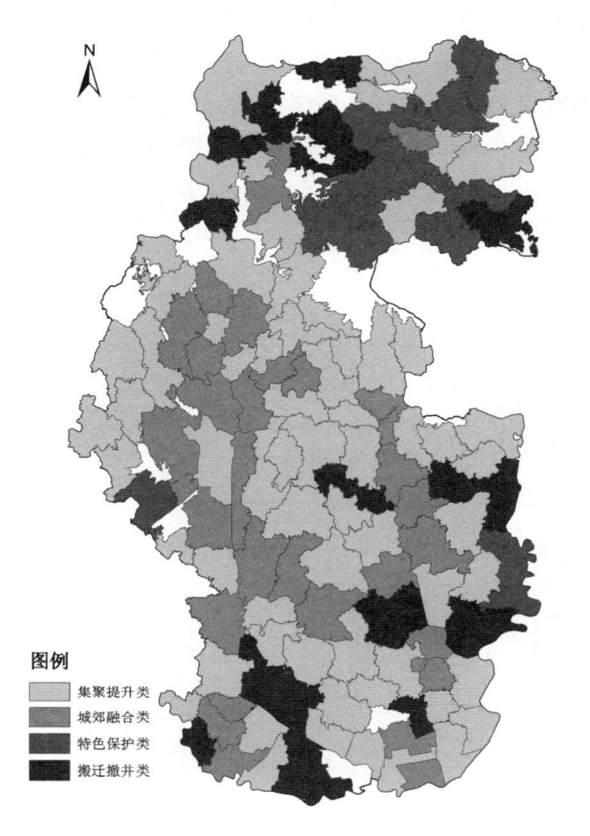

图 5-1　来安县行政村类型划分空间分布图

注:空白区域不参加分类。

适当时机宜进行搬迁撤并。

综上,本节根据国家和安徽省关于四类村庄划分的原则要求,以乡村发展评价结果为基础,完成了来安县四类村庄的划分。这既是乡村发展评价模型和方法的具体实践应用,又是村庄类型划分技术方法的一次探索和尝试。需再次强调的是,村庄分类工作是关系到乡村振兴战略实施的关键,各类村庄特别是搬迁撤并类村庄都要在充分尊重村庄、村民意愿的基础上严格、谨慎划定。从此方面来看,本节以乡村发展评价为依据,从理论上给出了来安县四类村庄的划分方案,由此为来安县的乡村振兴、村庄分类和规划布局提供了理论和实践参考,更能为进一步征求民意提供完整方案。

5.2.3　理论分类校核

根据第 2.6 节的乡村分类方法体系,乡村分类必须要征求村民意见和意愿,这既是乡村分类工作科学化的必然要求,又是乡村振兴战略落地实施的关键一环。基于此,本节在前述理论分类的基础上,对来安县各个乡镇进行了多轮调研，并广泛宣传理论分类结果，同时通过召开座谈会、交流会、入村调查、发放问卷等方式，充分听取县有关部门、各乡镇、各行政村以及广大村民的意见和建议。经过系统梳理、分析和校核后，得到来安县建立在具有最广泛民意基础上的行政村分类结果，具体见表5-5。

表5-5 来安县校核后的村庄类型划分一览表

乡镇	集聚提升类	城郊融合类	特色保护类	搬迁撤并类
新安镇	十里村、孙桥村	双塘村、黄坝村、建城区	—	姜湖村、七里村、永兴村、平洋村、岱山村
汊河镇	文山村、储茂村、江青圩村、陈塘村、相官村	黄牌村、董青村、延塘村、张堡村	—	汊河村、大雅村、王来村、唐桥村、程集村
半塔镇	红旗村、王集村、鱼塘村、邢港村、龙湖村、大余郢村、北涧村、高山村、丁城村、罗庄村、黄郢村、白云村、何郢村、马厂村、兴隆村、小山村	半塔村	大刘郢村、松郢村、宝塔村	马头村
水口镇	东岳村、河西村、夹埂村、上蔡村、水东村、武集村、西王村、新河村、油坊村、枣林村	高隍村、清水村、水西村、拥巷村	—	渡口村
大英镇	大英村、五岔村、广佛村、大黄村	广洋村	—	—
雷官镇	陈官村、五里村、埝塘村、桥湾村、黄桥村	雷官村、高场村、烟陈村	杨渡村	—
施官镇	大塘村、顿邱村、贾龙村、南沛村、桥西村、施官村、桃庄村、西武村、张储村、中所村	街镇村、龙山村、仙山村、彭岗村	—	—
三城镇	河口村、三城村、固镇村	冯巷村、涧里村	—	伏湾村、广大村、沈圩村、天涧村
张山镇	长山村、荀滩村、桃花村、庞河村、仰山村、罗顶村、张山村	倒桥村、郭郢村	—	—

续表 5-5

乡镇	集聚提升类	城郊融合类	特色保护类	搬迁撤并类
舜山镇	炮咀村、练山村、林桥村、复兴村、六郎村、石固村、和平村	舜山村	大安村、三湾村	—
杨郢乡	高郢村、红星村、余庄村、静波村、志凡村、陡山村	—	宝山村	—
独山镇	独山村、裴集村、青龙村、史郢村、王巷村、曲洞村	白露村	—	—
合计/个	81	26	7	16
总计/个	130			

根据表 5-5 可知，经过现场调研和征求来安县各部门、各乡镇、各行政村以及广大村民的意见和意愿后，与基于乡村发展评价的理论分类结果相比，来安县校核后的行政村分类结果有了一定变化，具体变化情况见表 5-6。

由表 5-5 和表 5-6 可知，经过校核后，来安县集聚提升类的村庄有 81 个行政村，占全部行政村数量的 62.31%，比理论分类的 65 个增加了 16 个，占比也相应增加了 12.31 个百分点。来安县城郊融合类的村庄有 26 个，占全部行政村数量的 20.00%，比理论分类的 30 个减少了 4 个，占比也相应下降了 3.08 个百分点。来安县特色保护类的村庄有 7 个，占全部行政村数量的 5.38%，比理论分类的 13 个减少了 6 个，占比也相应下降了 4.62 个百分点。而来安县搬迁撤并类的村庄则有 16 个，占全部行政村数量的 12.31%，比理论分类的 22 个减少了 6 个，占比也相应下降了 4.61 个百分点。总体来看，经过校核后，来安县城郊融合类、特色保护类和搬迁撤并类的村庄分别比理论上的分类减少了 4 个、6 个和 6 个，共计减少了 16 个，而减少的这 16 个则全部转变为集聚提升类村庄。

表 5-6　来安县行政村分类结果对比表

村庄类型	集聚提升类			城郊融合类			特色保护类			搬迁撤并类		
	理论分类	校核分类	差异	理论分类	校核分类	差异	理论分类	校核分类	差异	理论分类	校核分类	差异
乡村数量/个	65	81	16	30	26	4	13	7	6	22	16	6
占比/%	50.00	62.31	12.31	23.08	20.00	3.08	10.00	5.38	4.62	16.92	12.31	4.61

5.3 自然村分类

按照安徽省的相关要求，村庄分类工作要细化到自然村层面，要在行政村分类的基础上进一步给出每个自然村的分类。基于此，按照第2.6.2节关于自然村分类的方法与要求，本节在经校核后的来安县行政村分类结果的基础上，紧密结合现状调研以及村民的意见、意愿与合理诉求，将全县所有的自然村相应划分为集聚提升类、城郊融合类、特色保护类与搬迁撤并类四类，由此构建了基于“行政村—自然村”的两级村庄分类体系，为来安县全面推进乡村振兴奠定了坚实基础。来安县各乡镇、各行政村的自然村分类结果如下所述：

5.3.1 新安镇自然村分类

新安镇现拥有10个行政村(评价时把建成区作为一个行政村级别的单元，不对其进行分类，仅对其余9个行政村进行分类)，共计209个自然村。经过自然村分类后，规划保留自然村68个，规划搬迁撤并类自然村141个。在拟保留的自然村中，集聚提升类自然村有56个，城郊融合类自然村有12个。新安镇自然村具体的分类结果如下：

(1) 岱山村

岱山村现拥有10个自然村，拟全部进行搬迁撤并，具体包括：岱山组、岱庄组、何郢组、界牌组、金郢组、塘稍组、竹元组、五星组、张湾组、刘郢组。

(2) 黄坝村

黄坝村现拥有26个自然村，具体分类情况如下：

集聚提升类(2个)：双塘组、黄坝组。

城郊融合类(2个)：东风组、西毛郢。

搬迁撤并类(22个)：坝头组、大湖郢组、东毛郢组、西毛郢组、古坝组、河东组、后占组、前占组、胡郢组、金庄组、李东组、李西组、立山组、马路组、欧庄组、下前郢组、小洪组、小庄组、杨郢组、严郢组、朱庄组、大洪组。

(3) 姜湖村

姜湖村现拥有19个自然村，具体分类情况如下：

集聚提升类(2个)：大林庄组、赵郢组。

搬迁撤并类(17个)：合郢组、联合组、林场组、面店组、旗山组、双塘组、王郢组、魏郢组、伍河组、小林庄组、新塘组、新庄组、兴建组、严店组、尤庄组、中心组、朱郢组。

(4) 平洋村

平洋村现拥有13个自然村，规划全部进行搬迁撤并，具体包括：八虎组、范冲组、光荣组、梨园组、三墩组、山根组、三塘组、汤郢组、陶墩组、天坝组、林场组、中心组、朱湖组。

(5) 七里村

七里村现拥有 21 个自然村,具体分类情况如下:

集聚提升类(1 个):新农村规划安置点。

搬迁撤并类(20 个):贺楼组、后塘组、候郢组、抗洪组、路东组、路西组、民主组、前塘组、阮湖组、乡林组、新建组、新塘组、许郢组、严庄组、杨庙组、野马组、尤郢组、赵西组、中心组、朱郢组。

(6) 十里村

十里村现拥有 36 个自然村,具体分类情况如下:

集聚提升类(8 个):花郢组、前进组、黄郢组、桃园组、团结组、金庄组、十里组、小王组。

城郊融合类(7 个):卜塘组、陈圩组、前五里组、后五里组、么桥组、湾塘组、中心组。

搬迁撤并类(21 个):龙郢组、大王组、东风组、高郢组、明坝组、明张组、王郢组、虎坝组、务坊组、下庙组、肖官组、磨桥组、竹元组、高塘组、东庄组、瓦岗组、新华组、银庄组、黄树组、张桥组、甄圩组。

(7) 双塘村

双塘村现拥有 50 个自然村,具体分类情况如下:

集聚提升类(31 个):北林场组、朝阳组、大陈郢组、二里桥组、红星组、高庄组、海塘组、红冲组、红庙组、上下郢组、赖洼组、立新组、良冲组、南林场组、平洋组、前双塘组、三里庄组、胜利组、东方红组、毕老庄组、双塘组、村头墩组、下卞郢组、向阳组、新丰组、新桥组、新生郢组、新塘组、叶圩组、跃进组、周郢组。

城郊融合类(3 个):半墩组、陈郢组、花园组。

搬迁撤并类(16 个):安冲组、柏岗组、丁庄组、东上庄组、段郢组、前进组、卓郢组、宝山组、后湖组、林场组、民主组、伍郢组、西上庄组、新华组、徐郢组、长塘组。

(8) 孙桥村

孙桥村现拥有 16 个自然村,具体分类情况如下:

集聚提升类(11 个):柏郢组、曹王组、陈桥组、各庄安置点、后各组、后湖组、胡岗组、潭郢组、伍郢组、向华组、严郢组。

搬迁撤并类(5 个):良岗组、张郢组、胡郢组、朱庄组、祝墩组。

(9) 永兴村

永兴村现拥有 18 个自然村,具体分类情况如下:

集聚提升类(1 个):柴郢组。

搬迁撤并类(17 个):曹郢组、稻庄组、付圩组、高湾组、合郢组、黄郢组、联合组、令郢组、牛里组、松山组、武郢组、下苏组、徐郢组、杨圩组、永兴组、张山头组、周庄组。

5.3.2 汉河镇自然村分类

汉河镇现拥有 14 个行政村，共计 220 个自然村。经过自然村分类后，规划保留自然村 58 个，规划搬迁撤并类自然村 162 个。在拟保留的自然村中，集聚提升类自然村有 45 个，城郊融合类自然村有 11 个，特色保护类自然村有 2 个。汉河镇自然村具体的分类结果如下：

（1）黄牌村

黄牌村现拥有 1 个农村社区，即黄牌社区，拟规划为城郊融合类。

（2）张堡村

张堡村现拥有 29 个自然村，具体分类情况如下：

城郊融合类(7 个)：曹郢组、中西组、赵西组、张堡组、增戴组、叶郢组、杨郢组。

搬迁撤并类(22 个)：大斗门组、戴郢组、刁郢组、陡门组、杜郢组、陈郢组、杜庄组、范西组、范东组、团结组、何郢组、姜庄组、街西组、街中组、龙王组、马庄组、上黄郢组、胜利组、下黄郢组、小庄组、赵东组、中组。

（3）陈塘村

陈塘村现拥有 31 个自然村，具体分类情况如下：

集聚提升类(20 个)：坝头组、道仕组、段庄组、葛西组、葛东组、后郢组、西湖组、中心组、刘庄组、棋杆组、沙庄组、山头组、松庄组、唐郢组、塘埂组、王帽岭组、新建组、永久组、周庄组、猪场组。

搬迁撤并类(11 个)：陈塘组、东吴组、西头组、高东组、高西组、官塘组、侯庄组、罗庄组、满庄组、小庄组、英庄组。

（4）汉河村

汉河村现拥有 4 个自然村，具体分类情况如下：

城郊融合类(1 个)：河西组。

搬迁撤并类(3 个)：联东组、联西组、新华组。

（5）大雅村

大雅村现拥有 2 个自然村，拟全部为搬迁撤并类，包括西头组、杨郢组。

（6）王来村

王来村现拥有 22 个自然村，具体分类情况如下：

集聚提升类(1 个)：常庄组。

搬迁撤并类(21 个)：蔡庄组、大城组、付林组、葛郢组、老新组、联合组、林郢组、聂庄组、潘庄组、前进组、沈林组、汤庄组、王郢组、伍联组、西和组、西头组、小城组、徐庄组、严庄组、杨庄组、姚庄组。

（7）董青村

董青村现拥有 11 个自然村，具体分类情况如下：

集聚提升类(1 个)：联庄组。

城郊融合类(1个):徐郢小区。

搬迁撤并类(9个):大王组、陶郢组、丁郢组、后庄组、李郢组、翁郢组、小姜郢组、徐郢组、郑大组。

(8) 文山村

文山村现拥有34个自然村,具体分类情况如下:

集聚提升类(6个):街西组、欧郢组、袁东组、文山街道、张堡组、中西组。

搬迁撤并类(28个):采郢组、蔡北组、蔡南组、陈郢组、翟郢组、丰庄组、富庄组、何郢组、黄巷组、许巷组、街东组、街中组、梁郢组、刘桥组、吕郢组、庙郢组、倪湾组、秦庄组、山头组、吴坝组、小郢组、徐郢组、杨碾组、杨山头组、袁西组、赵东组、中李组、朱郢组。

(9) 相官村

相官村现拥有30个自然村,具体分类情况如下:

集聚提升类(6个):东头组、冯郢组、王郢组、花园组、早王组、唐楼组。

搬迁撤并类(22个):凹里组、程西组、程东组、大树组、国选组、金郢组、林郢组、梅郢组、刘庄组、聂庄组、罗庄组、沙庄组、汪庄组、魏郢组、西付组、下徐组、下庄组、杨郢组、姚楼组、叶南组、叶北组、尤楼组。

特色保护类(2个):李庄组、项庄组。

(10) 延塘村

延塘村现拥有8个自然村,拟全部为搬迁撤并类,包括大路洲组、丰庄组、花庄组、黄庄组、毛小庄组、聂庄组、延塘组、郑巷组。

(11) 储茂村

储茂村现拥有13个自然村,具体分类情况如下:

集聚提升类(6个):井北组、井东组、井南组、前郢组、吕庄组、新庄组。

搬迁撤并类(7个):高庄组、河北组、王庄组、小街组、小郢组、新民组、湖塘组。

(12) 唐桥村

唐桥村现拥有17个自然村,具体分类情况如下:

集聚提升类(2个):孙郢组、唐桥组。

搬迁撤并类(15个):韩郢组、老郢组、林庄组、三苏组、上葛组、上薛组、宋郢组、王郢组、细叶组、下葛组、兴龙组、薛郢组、余庄组、中葛组、周郢组。

(13) 程集村

程集村现拥有17个自然村,具体分类情况如下:

集聚提升类(2个):程郢组、花园组。

城郊融合类(1个):程西组。

搬迁撤并类(14个):大路齐组、胡庄组、黄庄组、街东组、街西组、毛小组、梅郢组、桥东组、山头组、孙郢组、王桥组、王郢组、张庄组、中郢组。

（14）江青圩村

江青圩村现拥有1个农村社区即江青圩小区，拟规划为集聚提升类。

5.3.3 半塔镇自然村分类

半塔镇现拥有21个行政村，共计362个自然村。经过自然村分类后，规划保留自然村178个，规划搬迁撤并类自然村184个。在拟保留的自然村中，集聚提升类自然村有161个，城郊融合类自然村有13个，特色保护类自然村有4个。半塔镇自然村具体的分类结果如下：

（1）北涧村

北涧村现拥有15个自然村，具体分类情况如下：

集聚提升类(8个)：北塘组、差田组、大岗组、阮岗组、郧岗组、小岗组、尤岗组、枣树组。

搬迁撤并类(7个)：冲郢组、东塘组、立新组、罗山组、南塘组、西塘组、元集组。

（2）红旗村

红旗村现拥有26个自然村，具体分类情况如下：

集聚提升类(5个)：方庄安置点、联合组、良田组、山根组、梧桐组。

搬迁撤并类(21个)：曹坊组、曾郢组、戴郢组、埂涧组、洪郢组、李岗组、林场组、林业组、龙涧组、路东组、路西组、民田组、石岗组、石郢组、塘南组、塘北组、魏郢组、下庄组、上庄组、郑庄组、仲郢组。

（3）高山村

高山村现拥有21个自然村，具体分类情况如下：

集聚提升类(5个)：东风组、高山组、何郢组、洪岗组、桥北组。

搬迁撤并类(16个)：房郢组、红旗组、洪山组、后郢组、葫芦庄组、罗庄组、上庄组、双塘组、戈岭组、王郢组、刘郢组、肖山组、肖郢组、兴义组、袁圩组、长庄组。

（4）王集村

王集村现拥有21个自然村，具体分类情况如下：

集聚提升类(14个)：大龙窝组、东岗组、高郢组、河南组、街东组、街西组、老虎港组、桥北组、西张郢组、新村组、杨草坝组、张井组、郑岗组、竹园组。

搬迁撤并类(7个)：豆腐郢组、街南组、小龙窝组、新生组、兴庄组、营井组、掌管组。

（5）半塔村

半塔村现拥有14个自然村，具体分类情况如下：

城郊融合类(13个)：差庄组、大高郢组、大元组、新塘组、西集组、龙潭组、东北组、东南组、西北组、西南组、官塘组、马西组、新庄组。

搬迁撤并类(1个)：黄泥岗组。

(6) 鱼塘村

鱼塘村现拥有 13 个自然村,具体分类情况如下:

集聚提升类(6 个):刘本庄组、陈大郢小区、罗庄组、金塘小区、林岗组、鱼塘小区。

搬迁撤并类(7 个):荷花组、黄泥庄小区、六八小区、六八组、邱郢组、竹沟组、砖井组。

(7) 丁城村

丁城村现拥有 17 个自然村,具体分类情况如下:

集聚提升类(14 个):蔡洼组、高郢组、马圩组、七岗组、旗杆组、上学组、沈郢组、双郢组、四面组、五里组、下学组、元岗组、郑郢组、小圩组。

搬迁撤并类(3 个):曹坊组、赵坝组、竹园组。

(8) 松郢村

松郢村现拥有 20 个自然村,具体分类情况如下:

集聚提升类(13 个):车冲组、东糟坊组、范岗组、高涧组、九坝组、石门组、祥山组、向阳组、项郢组、小岗组、新庄组、张郢组、周郢组。

搬迁撤并类(5 个):河东组、黑泥尖组、金塘集组、林场组、南糟坊组。

特色保护类(2 个):上郢组、下郢组。

(9) 大余郢村

大余郢村现拥有 21 个自然村,具体分类情况如下:

集聚提升类(7 个):大余郢组、灯南组、六墩组、下郢组、花园组、街道组、金郢组。

搬迁撤并类(14 个):北门组、大小组、孟郢组、东圩组、立树组、庙郢组、南门组、上洼组、武郢组、新庄组、学郢组、张圩组、丫口组、长郢组。

(10) 罗庄村

罗庄村现拥有 26 个自然村,具体分类情况如下:

集聚提升类(16 个):陈洼组、官墩组、郭郢组、花园组、黄郢组、蒋庄组、罗庄组、马郢组、上庄组、常庄组、苏郢组、王郢组、下郢组、小洼组、新村组、纸槽组。

搬迁撤并类(10 个):北洼组、步顶组、大洼组、南洼组、高瓦房组、上郢组、唐港组、下庙组、小苏郢组、严港组。

(11) 宝塔村

宝塔村现拥有 18 个自然村,具体分类情况如下:

集聚提升类(10 个):付岗组、黄郢组、谢碾组、东郢组、荷花组、砖井组、罗圩组、前郢组、西场组、下河郢组。

搬迁撤并类(7 个):后港组、林角塘组、新庄组、仲郢组、竹园组、小山组、朱山组。

特色保护类(1 个):上何郢组。

(12) 小山村

小山村现拥有 14 个自然村,具体分类情况如下:

集聚提升类(5 个):北马厂组、龙须组、小罗郢组、小山组、仲郢组。

搬迁撤并类(9 个):大山港组、河东组、九岗组、其港组、蛇过路组、田港组、新庄组、许港组、阳排组。

(13) 马头村

马头村现拥有 15 个自然村,具体分类情况如下:

集聚提升类(10 个):北场组、大刘郢组、大竹园组、凤台组、河东组、河西组、胡圩组、李郢组、南场组、周郢组。

搬迁撤并类(5 个):北郢组、王郢组、小刘郢组、新庄组、张郢组。

(14) 邢港村

邢港村现拥有 17 个自然村,具体分类情况如下:

集聚提升类(4 个):戚岗组、双山组、小庄组、元郢组。

搬迁撤并类(13 个):陈郢组、大院组、龙须组、陆郢组、马厂组、涂郢组、新庄组、邢港组、杨郢组、竹元组、小罗郢组、小山组、仲郢组。

(15) 黄郢村

黄郢村现拥有 10 个自然村,拟全部规划为搬迁撤并类,包括胡郢组、黄郢组、柳东组、柳西组、毛桥组、毛郢组、南相组、北相组、塔西组、姚塘组。

(16) 龙湖村

龙湖村现拥有 11 个自然村,拟全部规划为搬迁撤并类,包括陈郢组、胡庄组、黄圩组、江圩组、李郢组、马东组、马西组、上郢组、太平组、瓦屋组、未西组。

(17) 白云村

白云村现拥有 7 个自然村,具体分类情况如下:

集聚提升类(4 个):路东组、史郢组、水圈组、郑岗组。

搬迁撤并类(3 个):东竺组、西竺组、池港组。

(18) 何郢村

何郢村现拥有 15 个自然村,具体分类情况如下:

集聚提升类(8 个):何郢组、冷郢组、铁佛组、大岗组、小岗组、学郢组、元庄组、郑郢组。

搬迁撤并类(7 个):韩郢组、瓦房组、万冲组、魏郢组、小圩组、赵大郢组、竹园组。

(19) 兴隆村

兴隆村现拥有 31 个自然村,具体分类情况如下:

集聚提升类(21 个):东岗组、岗头组、磙岗组、河西组、红旗组、花园组、街东组、街南组、街西窑塘组、梁郢组、民主组、南岗头组、南岗组、前郢上庄组、乔圩组、山陈东头组、胜利北庄小郢民主组、武郢组、西郢组、张郢组、长山组。

搬迁撤并类(10 个):巴山组、东塘组、墩塘组、联合组、路西夏郢组、碾庄组、西塘组、小圩组、张庄组、周岗组。

(20) 马厂村

马厂村现拥有 16 个自然村，具体分类情况如下：

集聚提升类(3 个)：大杨郢组、后岗组、柳坝组。

搬迁撤并类(13 个)：大罗郢组、巩河组、河东组、黑从港组、刘庄组、前岗组、山咀组、上杨港组、汤坝组、下郢组、谢郢组、杨港组、左郢组。

(21) 大刘郢村

大刘郢村现拥有 14 个自然村，具体分类情况如下：

集聚提升类(8 个)：东冲组、良郢组、林庄组、民田组、先进组、姚塘组、银庄组、邵集组。

搬迁撤并类(5 个)：常郢组、凡郢组、南郢组、前郢组、山坂组。

特色保护类(1 个)：后郢组。

5.3.4 水口镇自然村分类

水口镇现拥有 15 个行政村，共计 402 个自然村。经过自然村分类后，规划保留自然村 88 个，规划搬迁撤并类自然村 314 个。在拟保留的自然村中，集聚提升类自然村有 65 个，城郊融合类自然村有 17 个，特色保护类自然村有 6 个。水口镇自然村具体的分类结果如下：

(1) 东岳村

东岳村现拥有 20 个自然村，具体分类情况如下：

集聚提升类(1 个)：东岳二组。

搬迁撤并类(19 个)：陈郢组、大裴郢组、大庄组、东岳一组、东庄组、董糟坊组、何东组、何西组、胡庄组、蒋郢组、林郢组、吕郢组、王冲组、王郢组、下庄组、小裴郢组、新生组、余巷组、张郢组。

(2) 渡口村

渡口村现拥有 18 个自然村，具体分类情况如下：

集聚提升类(1 个)：潘庄组。

搬迁撤并类(17 个)：鲍庄组、大墩组、大公组、刀碑组、东窑组、陡门组、渡口组、范庄组、后郢组、两槐组、罗圩组、圩拐组、向阳组、小墩组、新建组、杨圩组、杨庄组。

(3) 高隍村

高隍村现拥有 27 个自然村，具体分类情况如下：

集聚提升类(8 个)：罗庄组、上西组、梅花组、余庄组、余郢组、欧庄组、尧上组、中心村山坂组。

搬迁撤并类(19 个)：凹沈组、卜郢组、池郢组、瓷鸽子组、大段郢组、徐庄组、大塘组、李东组、李西组、马庄组、上郢组、孙郢组、陶郢组、小段郢组、小化组、新生组、陈郢组、杨郢组、张郢组。

(4) 河西村

河西村现拥有 27 个自然村，具体分类情况如下：

集聚提升类(3个):陈塘组、朱郢组、姚冲组。

搬迁撤并类(24个):曹楼组、范郢组、付郢组、华庄组、江庄组、李郢组、罗庄组、潘庄组、前进组、三坝组、宋郢组、唐郢组、汪上组、汪下组、夏庄组、新生组、徐上组、徐下组、许楼组、虾蟆组、俞东组、俞中组、俞西组、张郢组。

(5) 夹埂村

夹埂村现拥有19个自然村,具体分类情况如下:

集聚提升类(6个):大塘洋组、高塘组、甲埂塘组、陆郢组、许郢组、杨郢组。

搬迁撤并类(13个):陈小庄组、胡庄组、黄山头组、纪郢组、庙塘组、清水塘组、塘稍组、陶桥组、肖郢组、余庄组、中郢组、周郢组、庄坂组。

(6) 清水村

清水村现拥有38个自然村,具体分类情况如下:

集聚提升类(2个):旗杆周组、清水组。

搬迁撤并类(32个):北安组、曹郢组、陈郢组、大郢组、下郢组、东郢组、墩程组、古井组、古上郢组、海王组、后张组、江庄组、金冲组、李旺东组、李旺西组、凌郢组、龙塘组、清水庵组、清安组、石良组、汪湖组、王郢组、许郢组、薛墩组、尧上组、叶湾组、叶郢组、赵巷组、郑圩组、中心组、中周组、朱郢组。

特色保护类(4个):上郢组、周球组、中郢组、周大郢组。

(7) 上蔡村

上蔡村现拥有20个自然村,具体分类情况如下:

城郊融合类(3个):七组、上蔡组、下蔡组。

搬迁撤并类(16个):曹庄组、陈庄组、大庄组、高庄组、胡庄组、嘉韶组、蒋庄组、林场组、山朱组、双庙组、宋郢组、魏庄组、下郢组、熊庄组、赵庄组、中庄组。

特色保护类(1个):侯庄组。

(8) 水东村

水东村现拥有18个自然村,具体分类情况如下:

集聚提升类(1个):毛郢组。

城郊融合类(12个):八墩组、北园组、常郢组、东园组、高庄组、江庄组、黄庄组、桥西组、西尧组、月里组、转沟组、河东组。

搬迁撤并类(5个):韩郢组、陶郢组、英庄组、张郢组、大郢组。

(9) 水西村

水西村现拥有26个自然村,具体分类情况如下:

集聚提升类(8个):前郢组、后郢组、大巷组、团结组、郑付组、渣塘组、河西组、山头组。

搬迁撤并类(18个):车棚组、陈塘组、东升组、高坂组、高庄组、侯庄组、后洼组、花园组、吕郢组、三村组、山王组、山叶组、沈郢组、胜利组、下郢组、姚庄组、朱行组、朱庄组。

（10）武集村

武集村现拥有25个自然村，具体分类情况如下：

集聚提升类（1个）：武集街道。

搬迁撤并类（24个）：坝城组、查大郢组、大余组、洪冲组、花旗组、花园组、金郢组、九陈组、李坝组、李小郢组、太平组、王巷组、王郢组、魏庄组、吴庄组、武西组、下罗组、下应组、新庄组、椏杷树组、尧上组、余庄组、喻郢组、郑郢组。

（11）西王村

西王村现拥有30个自然村，具体分类情况如下：

集聚提升类（5个）：卢郢组、鲁庄组、突树组、万庄组、朱墩组。

搬迁撤并类（25个）：大井组、大李冲组、大刘郢组、大郢组、杜庄组、高庄组、红土组、红庄组、李桥组、前郢组、尚庄组、孙郢组、王庄组、西山头组、西王组、下郢组、小井组、小李冲组、小刘郢组、小元庄组、新庄组、兴华组、余东组、余西组、朱刘组。

（12）新河村

新河村现拥有36个自然村，具体分类情况如下：

集聚提升类（1个）：万西组。

城郊融合类（2个）：黑树组、万东组。

搬迁撤并类（33个）：曹小郢组、陈晓组、陈庄组、大卜组、殿庄组、范庄组、巩庄组、后郢组、蒋苑山组、老章组、林场组、前郢组、刘东组、刘西组、罗庄组、码头组、明晓组、南庄组、聂庄组、彭郢组、山头组、山尧组、汤南组、伍庄组、高庄组、下郢组、小卜组、小高庄组、小刘郢组、小新河组、杨郢组、杨前组、张小郢组。

（13）拥巷村

拥巷村现拥有37个自然村，具体分类情况如下：

集聚提升类（3个）：祠堂组、杨洼组、朱郢组。

搬迁撤并类（34个）：八墩组、柏庄组、陈郢组、崔郢组、大新庄组、新建组、东庄组、鹗子王组、高二松组、胡郢组、江联组、李庄组、中路组、林郢组、内冲组、史庄组、柿子王组、孙郢组、王老郢组、王小郢组、西庄组、下庄组、下郢组、小新庄组、徐郢组、杨庄组、姚林组、姚郢组、公祠组、叶郢组、拥巷组、拥建组、尤郢组、中郢组。

（14）油坊村

油坊村现拥有32个自然村，具体分类情况如下：

集聚提升类（16个）：柏叶柳组、查家坝组、陈塘组、大洪组、李庄组、阮郢组、山头组、山徐组、上程组、施庄组、西晓组、虾塘组、叶郢组、油坊组、龙塘组、朱井组。

搬迁撤并类（15个）：祠堂组、大老虎洼组、戴庄组、董郢组、独松树组、丰刚组、顾郢组、何郢组、黑李组、金刚组、陆郢组、鹭鸶洲组、仙鹤碾组、姚庄组、周庄组。

特色保护类(1个):古安组。

(15) 枣林村

枣林村现拥有29个自然村,具体分类情况如下:

集聚提升类(9个):南郢组、山头组、上骆组、上史组、松园组、瓦郢组、王岗组、王老郢组、枣林组。

搬迁撤并类(20个):曹庄组、岗池组、韩郢组、河西组、红土组、黄郢组、蒋郢组、金桥组、龙骨江组、龙骨孙组、龙骨赵组、龙骨郑组、马郢组、倪庄组、欧庄组、山郑组、上郢组、王郢组、王糟坊组、朱庄组。

5.3.5 大英镇自然村分类

大英镇现拥有5个行政村,共计130个自然村。经过自然村分类后,规划保留自然村33个,规划搬迁撤并类自然村97个。在拟保留的自然村中,集聚提升类自然村有30个,城郊融合类自然村有3个。大英镇自然村具体的分类结果如下:

(1) 大黄村

大黄村现拥有29个自然村,具体分类情况如下:

集聚提升类(3个):老山组、余庄组、芮郢组。

搬迁撤并类(26个):大黄组、东风组、高庄组、耿庄组、光明组、广兴组、郭郢组、回庄组、金庄组、老庄组、李庄组、聂庄组、前进组、任郢组、任庄组、邵郢组、沈庄组、石圩组、王郢组、五上组、下庄组、小黄组、许云组、叶圩组、永远组、朱庄组。

(2) 大英村

大英村现拥有25个自然村,具体分类情况如下:

集聚提升类(10个):采东组、采西组、蔡桥组、丰山组、谷庄组、胡碾组、王郢组、徐郢组、叶郢组、元庄组。

搬迁撤并类(15个):高庄组、和平组、黄庄组、江庄组、马庄组、三合组、山王组、上胡云组、沈庄组、宋郢组、西胡郢组、下胡云组、杨郢组、张郢组、周庄组。

(3) 广佛村

广佛村现拥有20个自然村,具体分类情况如下:

集聚提升类(8个):大彭郢组、潘郢组、龚庄组、小彭郢组、邓郢组、胡云组、花园组、李大郢组。

搬迁撤并类(12个):胡庄组、李小郢组、陆楼组、山庄组、汤郢组、五四组、徐郢组、尹庄组、张郢组、周大郢组、周山组、卓庄组。

(4) 广洋村

广洋村现拥有18个自然村,具体分类情况如下:

城郊融合类(3个):和平组、永久组、南庄组。

搬迁撤并类(15 个):大庄组、董郢组、联合组、油坊组、高墩组、广洋组、花桥组、潘塘组、彭高组、山斗门组、施郢组、新塘组、杨郢组、五一组、柳千组。

(5) 五岔村

五岔村现拥有 38 个自然村,具体分类情况如下:

集聚提升类(9 个):曹庄组、成庄组、联合一组、联郢组、沈巷组、万郢组、上宋组、小郢组、杨郢组。

搬迁撤并类(29 个):杜郢组、河东组、河西组、黄郢组、黄庄组、孔郢组、下宋组、联丰组、陈王组、联合二组、刘桥组、娄庄组、裴郢组、三庄组、宋庄组、唐西组、唐东组、万西组、万东组、王西组、王尧组、圩心组、武渡组、西元组、新城组、新生组、杨北组、杨南组、张娄组。

5.3.6 雷官镇自然村分类

雷官镇现拥有 9 个行政村,共计 245 个自然村。经过自然村分类后,规划保留自然村 54 个,规划搬迁撤并类自然村 191 个。在拟保留的自然村中,集聚提升类自然村有 38 个,城郊融合类自然村有 12 个,特色保护类自然村有 4 个。雷官镇自然村具体的分类结果如下:

(1) 陈官村

陈官村现拥有 20 个自然村,具体分类情况如下:

集聚提升类(5 个):海岗组、乔郢组、东风组、徐西组、中心组。

搬迁撤并类(15 个):陈官渡组、陈郢组、牯牛组、何云组、河口组、姜庄组、容安组、上陆圩组、孙安组、塘庄组、小房组、杨郢组、叶庄组、张庄组、赵山组。

(2) 雷官村

雷官村现拥有 34 个自然村,具体分类情况如下:

集聚提升类(2 个):曹云组、王郢组。

搬迁撤并类(32 个):北队组、北庄组、管庄组、贺郢组、晋庄组、雷后组、林东组、林西组、刘圩组、马庄组、南队组、南庄组、彭北组、彭庄组、七冲组、下七组、山坂组、上吉组、王庄组、圩埂组、伍圩组、下吉组、新建组、杨东组、杨西组、杨庄组、赵庄组、油坊组、余庄组、张巷组、中七组、中庄组。

(3) 高场村

高场村现拥有 28 个自然村,具体分类情况如下:

集聚提升类(9 个):董云组、范郢组、高场组、姜东组、姜西组、前郢组、桥西组、烟陈组、湛郢组。

城郊融合类(5 个):张巷组、薛郢组、街道组、东黄组、大塘组。

搬迁撤并类(13 个):大东组、大西组、大中组、道庄组、顾庄组、姜一组、姜二组、姜三组、姜四组、刘郢组、钱元组、王郢组、下姜组。

特色保护类(1 个):上姜组。

(4) 五里村

五里村现拥有15个自然村,具体分类情况如下:

集聚提升类(3个):陈庄组、五里组、张郢组。

搬迁撤并类(12个):卞庄组、大圩组、东圩组、黄桥组、刘圩组、马圩组、西圩组、小圩组、新庄组、杨庄组、月塘组、中圩组。

(5) 杨渡村

杨渡村现拥有29个自然村,具体分类情况如下:

集聚提升类(1个):三联组。

城郊融合类(6个):范郢组、后庄组、黄圩组、塘北组、塘云组、许圩组。

搬迁撤并类(19个):曹洼组、大庄组、高郢组、葛郢组、河东组、桥东组、桥西组、上王组、田圩组、王小组、魏郢组、先进组、小圩组、新北组、新南组、叶圩组、周安组、果元组、周西组。

特色保护类(3个):周大云组、上后庄组、曹圩组。

(6) 埝塘村

埝塘村现拥有42个自然村,具体分类情况如下:

集聚提升类(8个):大许庙组、大郢组、下郢组、前郢组、上郢组、何山组、李庄组、下庄组。

搬迁撤并类(34个):北圩组、蔡东组、蔡西组、陈北组、陈南组、陈庄组、大路齐组、大塘组、大郑郢组、丁郢组、付庄组、光明组、何小郢组、何庄组、娄庄组、南庄组、彭北组、前进组、三里组、山城组、树科组、铁张组、汪庄组、王庄组、吴庄组、西冲组、小路齐组、小许庙组、小郑郢组、小庄组、殷南组、元庄组、张杨组、中圩组。

(7) 烟陈村

烟陈村现拥有32个自然村,具体分类情况如下:

集聚提升类(7个):范郢组、黄郢组、井西组、下东组、下西组、烟灯组、郑云组。

城郊融合类(1个):艾青组。

搬迁撤并类(24个):艾郢组、本安组、卞庄组、曾云组、东庄组、高庙组、高郢组、陈庄组、黄东组、黄中组、黄西组、井东组、前上元组、山头组、上占组、孙郢组、下甄组、巷东组、巷西组、杨云组、云南组、朱庙组、竹东组、竹西组。

(8) 桥湾村

桥湾村现拥有24个自然村,具体分类情况如下:

集聚提升类(1个):高圩组。

搬迁撤并类(23个):陈巷一组、陈巷二组、崔岗组、东陈组、高大云组、共庄组、汉董组、河口组、林小郢组、刘郢组、潘圩组、潘郢组、桥湾组、上东组、上西组、上圩组、上西组、下圩组、下郢组、小郢组、小庄组、杨郢组、周圩组。

(9) 黄桥村

黄桥村现拥有21个自然村,具体分类情况如下:

集聚提升类(2个):中心组、黄庄组。

搬迁撤并类(19个):陈圩组、大功庄组、东吕组、方庄组、曹方组、洪郢组、后马郢组、简庄组、娄庄组、施圩组、吕大郢组、吕小郢组、前马郢组、前圩组、宋桥组、唐圩组、小功庄组、徐圩组、杨庄组。

5.3.7 施官镇自然村分类

施官镇现拥有14个行政村,共计271个自然村。经过自然村分类后,规划保留自然村82个,规划搬迁撤并类自然村189个。在拟保留的82个自然村中,全部规划为集聚提升类自然村。施官镇自然村具体的分类结果如下:

(1) 大塘村

大塘村现拥有23个自然村,具体分类情况如下:

集聚提升类(4个):南庄组、兴无组、枣林组、中心组。

搬迁撤并类(19个):宝塔组、陈大郢组、大塘上组、董郢组、董桥组、杜北组、杜南组、蒋郢组、景郢组、梁郢组、马庄组、秦北组、秦南组、上郢组、邵郢组、晓明组、新塘组、公田组、袁庄组。

(2) 顿邱村

顿邱村现拥有16个自然村,具体分类情况如下:

集聚提升类(6个):冲西组、韩郢组、路程组、新河组、周郢组、竹元组。

搬迁撤并类(10个):坝松组、坝西组、侯郢组、丁郢组、陆洼组、树李组、四树组、瓦周组、新生组、新庄组。

(3) 贾龙村

贾龙村现拥有11个自然村,具体分类情况如下:

集聚提升类(4个):和平组、新生组、中心组、转沟组。

搬迁撤并类(7个):回郢组、三联组、小鲍组、新建组、大鲍组、小郢组、中庄组。

(4) 街镇村

街镇村现拥有3个自然村,全部规划为搬迁撤并类,包括常郢组、毛冲组、双山组。

(5) 龙山村

龙山村现拥有28个自然村,具体分类情况如下:

集聚提升类(5个):胡山组、袁西组、袁中组、袁东组、周郢组。

搬迁撤并类(23个):冯庄组、洪郢组、胡郢组、华庄组、老棚组、廖郢组、罗庄组、团山组、南窑组、邓桥组、牛院组、前叶组、后叶组、上彭组、涂郢组、良郢组、万北组、万南组、万庄组、卫郢组、西卫郢组、肖郢组、新塘组。

(6) 南沛村

南沛村现拥有32个自然村,具体分类情况如下:

集聚提升类(13 个):高庙组、高郢组、陆巷组、唐坊组、七里组、前进组、官冲组、唐郢组、吴郢组、新建组、新庄组、真龙组、中心组。

搬迁撤并类(19 个):白土组、陈巷组、陈郢组、盖郢组、郭郢组、红土组、后牛组、龚庄组、冷庄组、桥王组、中组、南组、北组、瓦陈组、西冲组、下湖组、跃进组、地理组、作郢组。

(7) 彭岗村

彭岗村现拥有 18 个自然村,具体分类情况如下:

集聚提升类(1 个):彭岗新村。

搬迁撤并类(17 个):柏庄组、槽坊组、常庄组、岗其组、高郢组、官塘组、彭北组、彭南组、上郢组、孙圩组、小生组、小郢组、小庄组、徐郢组、尤郢组、赵洼组、马郢组。

(8) 桥西村

桥西村现拥有 28 个自然村,具体分类情况如下:

集聚提升类(12 个):大石牛组、何南组、陈郢组、河桥组、江庄组、蒋郢组、民田组、西冲组、小街组、小石牛组、朱郢组、联合组。

搬迁撤并类(16 个):草坝组、陈洼组、方山组、改东组、改西组、何北组、黄庄组、夹巷组、江郢组、林郢组、田郢组、夏庄组、易郢组、殷郢组、油湾组、张桥组。

(9) 施官村

施官村现拥有 23 个自然村,具体分类情况如下:

集聚提升类(11 个):草坝组、耿南组、耿北组、和尚庄组、贾郢组、娄庄组、耿北组、三东组、肖山规划点、吴小庄组、谢郢组。

搬迁撤并类(12 个):八角组、祠堂组、大地组、黄家组、联合组、路蒋组、牛回组、小山组、黄郢组、小庄组、周桥组、周郢组。

(10) 桃庄村

桃庄村现拥有 12 个自然村,具体分类情况如下:

集聚提升类(6 个):大庄组、公圩组、何郢组、九张组、水湾组、桃庄组。

搬迁撤并类(6 个):坂头组、车岗组、黄郢组、王郢组、下拐组、竹元组。

(11) 西武村

西武村现拥有 32 个自然村,具体分类情况如下:

集聚提升类(11 个):杜南组、葛圩组、中北组西、梁郢组、路西组、砂子组、西武街道、西武组、张郢组、中南组、中北组东。

搬迁撤并类(21 个):仇圩组、古井组、谷山组、郝郢组、黄庄组、陆郢组、马路组、前郢组、东武组、十庙组、苏北组、苏南组、王桥组、王郢组、小郢组、新桥组、杨郢组、张店组、赵东组、赵西组、朱郢组。

(12) 仙山村

仙山村现拥有 12 个自然村,具体分类情况如下:

集聚提升类(2 个):洪大庄组、仙山村农民建房。

搬迁撤并类(10 个):兵郢组、江西组、江东组、上郢组、油坊组、陶庄组、余庄组、刘圩组、竹南组、竹北组。

（13）张储村

张储村现拥有17个自然村，具体分类情况如下：

集聚提升类（4个）：陈港组、大马组、施郢组、赵庄组。

搬迁撤并类（13个）：白路组、朝阳组、关桥组、官塘组、郭郢组、和业组、均田组、令庄组、太平组、卫庄组、新庄组、许郢组、庄郢组。

（14）中所村

中所村现拥有16个自然村，具体分类情况如下：

集聚提升类（3个）：秦港组、中所组、后郢组。

搬迁撤并类（13个）：大成组、刘郢组、栾郢组、马庄组、三塘组、水冲组、孙小郢组、王山头组、下郢组、项郢组、朱郢组、竹元沟组、竹元庄组。

5.3.8 三城镇自然村分类

三城镇现拥有9个行政村，共计185个自然村。经过自然村分类后，规划保留自然村29个，规划搬迁撤并类自然村156个。在拟保留的自然村中，集聚提升类自然村有23个，城郊融合类自然村有6个。三城镇自然村具体的分类结果如下：

（1）冯巷村

冯巷村现拥有14个自然村，具体分类情况如下：

集聚提升类（2个）：唐郢组、中心组。

搬迁撤并类（12个）：柴郢组、大公组、大庄组、邓庄组、东张组、冯郢组、黄庄组、陆郢组、上郢组、西张组、下塘组、周郢组。

（2）伏湾村

伏湾村现拥有12个自然村，具体分类情况如下：

集聚提升类（2个）：朱铁组、何庄组。

搬迁撤并类（10个）：后巷组、后杨组、后朱组、黄道组、李四组、前杨组、前朱组、小庄组、墩塘组、伏中组。

（3）固镇村

固镇村现拥有22个自然村，具体分类情况如下：

集聚提升类（5个）：彭庄组、桥东组、桥西组、荣庄组、圩湾组。

搬迁撤并类（17个）：大巷组、陡门组、二吕组、胡庄组、贾月组、联合组、吕郢组、三郢组、孙郢组、伍联组、伍庄组、新生组、姚庄组、余庄组、张郢组、赵庄组、中心组。

（4）广大村

广大村现拥有33个自然村，具体分类情况如下：

集聚提升类（3个）：董西组、董中组、董郢组。

搬迁撤并类（30个）：未庄组、董东组、后庄组、渡口组、徐渡组、费渡组、谷堆组、广小组、小郢组、和平组、八〇组、红旗组、新斗门组、建新组、联亚组、联业组、毛渡组、民主组、秦组、三合组、胜利组、外圩组、西塘组、杨楼组、尹东组、尹西组、元胜组、来河组、苑滩组、张集组。

(5) 河口村

河口村现拥有22个自然村,具体分类情况如下:

集聚提升类(4个):芦郢组、谈湾组、张湾组、街道组。

搬迁撤并类(18个):大楼组、古庄组、和庄组、花庙组、林西组、吉庄组、良郢组、良联组、刘郢组、王庄组、三王组、东庄组、孙郢组、汪庄组、王小郢组、小楼组、小郢组、朱庄组。

(6) 涧里村

涧里村现拥有23个自然村,具体分类情况如下:

集聚提升类(2个):范冲组、黄庄组。

搬迁撤并类(21个):下庄组、槽坊组、柴郢组、冯郢组、雷郢组、刘郢组、秦郢组、芮庄组、三联组、三月组、姜庄组、山张组、四联组、王山组、西冲组、西里组、西徐组、小郢组、徐郢组、徐庄组、姚岗组。

(7) 三城村

三城村现拥有20个自然村,具体分类情况如下:

城郊融合类(6个):柏庄组、曹庄组、芮庄组、大芮庄组、三城组、范庄组。

搬迁撤并类(14个):大庄组、墩子组、河咀组、花郢组、金庄组、沈渡组、圩心组、西庄组、小芮庄组、小庄组、占庄组、朱庄组、兴华组、邹庄组。

(8) 沈圩村

沈圩村现拥有22个自然村,具体分类情况如下:

集聚提升类(3个):陡东组、陡门组、陡西组。

搬迁撤并类(19个):丰庄组、河南组、蒋庄组、马庄组、桥东组、桥西组、沈东组、沈圩组、沈兴组、宋庄组、西联组、小楼组、小郢组、新建组、新庄组、兴塘组、郢官组、张桥组、中段组。

(9) 天涧村

天涧村现拥有17个自然村,具体分类情况如下:

集聚提升类(2个):伍庄组、朱郢组。

搬迁撤并类(15个):黑刘组、花园组、金庄组、刘郢组、上元组、沈墩组、小郢组、徐巷组、拥庄组、油坊组、油么组、余庄组、张湾组、中元组、周郢组。

5.3.9 张山镇自然村分类

张山镇现拥有9个行政村,共计123个自然村。经过自然村分类后,规划保留自然村49个,规划搬迁撤并类自然村74个。在拟保留的自然村中,集聚提升类自然村有43个,城郊融合类自然村有6个。张山镇自然村具体的分类结果如下:

(1) 倒桥村

倒桥村现拥有 12 个自然村，具体分类情况如下：

集聚提升类(3 个)：方庙组、小郢组、中心组。

城郊融合类(3 个)：倒桥组、下赵组、上赵组。

搬迁撤并类(6 个)：东卜鞋组、高圩组、红旗组、良田组、西普孩组、余郢组。

(2) 荀滩村

荀滩村现拥有 18 个自然村，具体分类情况如下：

集聚提升类(6 个)：大港组、官山组、河港组、后郢组、山头组、荀滩组。

搬迁撤并类(12 个)：坝埂组、炳店组、花园组、良山组、刘棚组、前郢组、上郢组、石固组、西山组、下郢组、中郢组、竹园组。

(3) 郭郢村

郭郢村现拥有 6 个自然村，具体分类情况如下：

集聚提升类(1 个)：苳郢组。

城郊融合类(3 个)：营盘组、永胜组、跃进组。

搬迁撤并类(2 个)：陈郢组、老油坊组。

(4) 罗顶村

罗顶村现拥有 13 个自然村，具体分类情况如下：

集聚提升类(7 个)：龙石组、罗顶组、棋盘组、山头组、孙港组、小港组、中心组。

搬迁撤并类(6 个)：陈港组、明塘组、庆丰组、胜利组、王港组、月山组。

(5) 桃花村

桃花村现拥有 19 个自然村，具体分类情况如下：

集聚提升类(8 个)：柏子郢组、大彭郢组、芦庄组、上陈咀组、王岗组、下桃花组、甄海组、上桃花组。

搬迁撤并类(11 个)：八一组、陈郢组、南岗组、五里组、西湖组、西普孩组、下陈咀组、小彭郢组、小郑岗组、小庄组、新村组。

(6) 庞河村

庞河村现拥有 13 个自然村，具体分类情况如下：

集聚提升类(1 个)：西常郢组。

搬迁撤并类(12 个)：草坊组、陈郢组、东常郢组、墩塘组、高郢组、鲁巷组、马郢组、苗郢组、三合组、孙庄组、余岗组、张冲组。

(7) 仰山村

仰山村现拥有 14 个自然村，具体分类情况如下：

集聚提升类(10 个)：方郢组、高潮组、新建组、后圩组、三合组、山头组、施圩组、团结组、仰山组、中心组。

搬迁撤并类(4 个)：团结组、小港组、新建组、周杭组。

(8) 张山村

张山村现拥有 20 个自然村，具体分类情况如下：

集聚提升类(3个):保桥组、贾岗组、石头组。

搬迁撤并类(17个):博古王组、东良田组、官塘组、胡庄组、金郢组、金庄组、老郢组、沙子岗组、胜利组、西良田组、向阳组、严庄组、尤郢组、油坊田组、郑岗组、中郢组、庄郢组。

(9) 长山村

长山村现拥有8个自然村,具体分类情况如下:

集聚提升类(4个):大房组、大院组、长山组、南山组。

搬迁撤并类(4个):东山组、官塘组、和平组、罗丝组。

5.3.10 舜山镇自然村分类

舜山镇现拥有10个行政村,共计168个自然村。经过自然村分类后,规划保留自然村89个,规划搬迁撤并类自然村79个。在拟保留的自然村中,集聚提升类自然村有85个,城郊融合类自然村有4个。舜山镇自然村具体的分类结果如下:

(1) 大安村

大安村现拥有12个自然村,具体分类情况如下:

集聚提升类(7个):大安组、李郢组、莲塘组、林场组、令郢组、柳树组、郑郢东风组。

搬迁撤并类(5个):金港组、金牌组、七口组、水圩组、窑港组。

(2) 复兴村

复兴村现拥有22个自然村,具体分类情况如下:

集聚提升类(11个):崔岗组、河东组、金郢组、良岗组、南桥组、欧井组、上赵组、徐郢组、铜塘组、下赵组、幸福组。

搬迁撤并类(11个):保十里组、古郢组、黄郢组、联郢组、菱塘组、刘郢组、沙口组、铜庄组、王郢组、许冲组、张岗组。

(3) 和平村

和平村现拥有20个自然村,具体分类情况如下:

集聚提升类(1个):和平新农村。

搬迁撤并类(19个):大塘庄组、小塘庄组、林业组、董郢组、陈郢组、钟岗组、下槽坊组、胜利组、团结组、和平组、观马岭组、韩杨里组、高庙组、邓岗组、坝东组、东杨郢组、鲁庄组、邱庄组、王曹坊组。

(4) 练山村

练山村现拥有20个自然村,具体分类情况如下:

集聚提升类(11个):坝城组、东庄组、高郢组、赵郢组、林场组、庙郢组、沙塘组、向阳组、肖郢组、杨湖组、张湖组。

搬迁撤并类(9个):陈桥组、虎冲组、李岗组、练山组、良田组、吕郢组、马郢组、麦郢组、上苏组。

(5) 林桥村

林桥村现拥有22个自然村,具体分类情况如下:

集聚提升类(15个):仓庄组、河边组、花郢组、林桥组、欧庄组、上古井组、孙岭组、谭郢组、团结组、西蔡组、下古井组、张巷组、赵巷组、郑郢组、中心组。

搬迁撤并类(7个):黄坝组、接郢组、南山头组、杨郢组、养马组、银杏组、张郢组。

(6) 六郎村

六郎村现拥有12个自然村,具体分类情况如下:

集聚提升类(9个):冲王组、前进组、各王组、后良组、韩郢组、龙山组、前良组、乌江组、新庄组。

搬迁撤并类(3个):汪郢组、靠山组、祝山组。

(7) 炮咀村

炮咀村现拥有17个自然村,具体分类情况如下:

集聚提升类(13个):大港组、大河沿组、大王郢组、红卫组、湖底组、康南组、林郢组、罗港组、炮东组、炮南组、炮西组、孙坝组、中心村组。

搬迁撤并类(4个):簸箕组、新河组、合郢组、候山组。

(8) 三湾村

三湾村现拥有12个自然村,具体分类情况如下:

集聚提升类(5个):平岗组、三湾组、石塘组、新库组、杨圩组。

搬迁撤并类(7个):丁岗组、都堂组、冯郢组、郎章组、李郢组、羊场组、杨冲组。

(9) 石固村

石固村现拥有22个自然村,具体分类情况如下:

集聚提升类(8个):大张郢组、贵庄组、旧街组、戚郢组、西岗组、小王郢组、杨郢组、罗港组。

搬迁撤并类(14个):新河组、大河沿组、底坂组、关郢组、簸箕组、后张郢组、江上郢组、前张郢组、叶郢组、灯塘组、丁郢组、元圩组、尖山组、赵郢组。

(10) 舜山村

舜山村现拥有9个自然村,具体分类情况如下:

集聚提升类(5个):东蔡组、新建组、朱郢组、红旗组、张岗组。

城郊融合类(4个):街南组、新庄组、路西组、西头组。

5.3.11 独山镇自然村分类

独山镇现拥有7个行政村,共计152个自然村。经过自然村分类后,规划保留自然村33个,规划搬迁撤并类自然村119个。在拟保留的自然村中,集聚提升类自然村有30个,城郊融合类自然村有3个。舜山镇自然村具体的分类结果如下：

（1）白露村

白露村现拥有 21 个自然村，具体分类情况如下：

集聚提升类（6 个）：凹州组、曹方组、界排组、杜戴郢组、黄圩组、万冲组。

搬迁撤并类（15 个）：白桥组、杜岗组、何衙组、花庄组、南蒋组、前圩组、大圩组、土朱组、瓦蒋组、汪云组、应郢组、谢云组、杨山组、载东组、载西组。

（2）独山村

独山村现拥有 14 个自然村，具体分类情况如下：

城郊融合类（1 个）：许王组。

搬迁撤并类（13 个）：常庄组、大庄组、付郢组、郭郢组、刘岗组、上娄组、上孙组、孙郢组、下孙组、项庄组、杨郢组、余店组、杨庄组。

（3）裴集村

裴集村现拥有 31 个自然村，具体分类情况如下：

集聚提升类（3 个）：平云组、田娄组、光明组。

城郊融合类（2 个）：裴东组、裴西组。

搬迁撤并类（26 个）：付山组、贡庄组、高秦组、高郢组、顾郢组、瓦东组、瓦西组、马庄组、龙庙组、内冲组、山头湛组、上秦组、上中下郢组、孙庄组、孙郢组、下秦组、下云组、元桥组、元小庄组、赵庄组、朱小云组、湛山里组、四里组、金庄组、庄东组、庄西组。

（4）青龙村

青龙村现拥有 16 个自然村，具体分类情况如下：

集聚提升类（8 个）：大云子组、后韩组、井王组、孙庄组、前韩组、汪云组、元圩组、孙云组。

搬迁撤并类（8 个）：蒋庄组、袜店组、李何云组、刘云组、三广组、邬娄云组、上下张组、邹集组。

（5）曲涧村

曲涧村现拥有 23 个自然村，具体分类情况如下：

集聚提升类（7 个）：蒋岗组、塘坝组、王岗组、豆云组、豆南组、西里组、磙张组。

搬迁撤并类（16 个）：蔡庄组、大崔岗组、朱庄组、高吕组、柏庄组、娄庄组、曲涧寺组、王东组、王西组、王小组、周巷组、周郢组、李郢组、周庄组、纪庄组、小崔岗组。

（6）史郢村

史郢村现拥有 16 个自然村，具体分类情况如下：

集聚提升类（2 个）：回庄组、马场组。

搬迁撤并类（14 个）：杜郢组、高冲组、高郢组、黄郢组、金庄组、刘岗组、罗郢组、庙郢组、秦郢组、史郢组、田巷组、小庄组、谢郢组、叶东组。

(7) 王巷村

王巷村现拥有 31 个自然村,具体分类情况如下:

集聚提升类(4 个):桥东组、桥西组、元圩组、向阳组。

搬迁撤并类(27 个):池圩组、东圩组、方圩组、方庄组、刘圩组、南圩组、刘庄组、娄圩组、前陆组、后陆组、周小云组、前郢组、中郢组、小郢组、上郢组、下郢组、山坂组、王东组、王西组、王巷组、孙小云组、圩拐组、小娄圩组、余云组、周郢组、朱郢组、张郢组。

5.3.12 杨郢乡自然村分类

杨郢乡现拥有 7 个行政村,共计 74 个自然村。经过自然村分类后,规划保留自然村 50 个,规划搬迁撤并类自然村 24 个。在拟保留的自然村中,集聚提升类自然村有 40 个,城郊融合类自然村有 3 个,特色保护类自然村有 7 个。杨郢乡自然村具体的分类结果如下:

(1) 宝山村

宝山村现拥有 7 个自然村,具体分类情况如下:

集聚提升类(1 个):高塘组。

城郊融合类(3 个):宝山组、王郢组、周郢组。

特色保护类(3 个):岳港组、银港组、大洼组。

(2) 陡山村

陡山村现拥有 13 个自然村,具体分类情况如下:

集聚提升类(4 个):大庄组、杨郢组、赵庄组、中心组。

搬迁撤并类(8 个):大河组、上港组、同心组、新庄组、赵郢组、西山组、下港组、小港组。

特色保护类(1 个):方港组。

(3) 高郢村

高郢村现拥有 9 个自然村,具体分类情况如下:

集聚提升类(6 个):北郢组、干港组、高郢组、刘郢组、南郢组、张郢组。

搬迁撤并类(2 个):苏港组、贾郢组。

特色保护类(1 个):界牌组。

(4) 红星村

红星村现拥有 5 个自然村,具体分类情况如下:

集聚提升类(3 个):陈郢组、邹郢组、路东组。

搬迁撤并类(2 个):侯郢组、武庄组。

(5) 静波村

静波村现拥有 14 个自然村,具体分类情况如下:

集聚提升类(12 个):陈郢组、达子郢组、后郢组、棚北组、棚南组、前郢组、孙郢组、塘埂组、下岗组、徐郢组、中心组、红店组。

搬迁撤并类(1 个):牛汪组。

特色保护类(1 个):上岗组。

(6) 余庄村

余庄村现拥有 15 个自然村,具体分类情况如下:

集聚提升类(10 个):大港组、河沟组、红灯组、刘郢组、南郢组、汪庄组、西山组、朱山组、张郢组、庄王里组。

搬迁撤并类(5 个):盛郢组、新庄组、许郢组、向阳组、顾郢组。

(7) 志凡村

志凡村现拥有 11 个自然村,具体分类情况如下:

集聚提升类(4 个):后郢组、上郢组、塘郢组、张郢组。

搬迁撤并类(6 个):槽坊组、高山组、看场楼组、马腰组、谭庄组、下郢组。

特色保护类(1 个):石固组。

5.4 分类汇总分析

自然村既是乡村的基础,也是乡村社会的基本单元,其发展水平和状态事关乡村振兴的全局。因此,自然村的分类既是行政村分类的自然延续,也是乡村振兴关于村庄分类工作的细化和落实。同时,通过对自然村分类的汇总分析,也能够获得对村庄分类工作的整体认识,从而为后续的村庄优化布局和农村宅基地整治提供系统、全面的决策信息和基础支撑。基于此,有必要对来安县全县自然村的分类结果进行汇总分析,具体结果如表 5-7 所示。

表 5-7 来安县自然村分类结果汇总分析一览表

乡镇	行政村数量/个	自然村数量/个	集聚提升类		城郊融合类		特色保护类		搬迁撤并类	
			数量/个	占比/%	数量/个	占比/%	数量/个	占比/%	数量/个	占比/%
新安镇	10	209	56	26.79	12	5.74	—	—	141	67.47
汊河镇	14	220	45	20.45	11	5.00	2	0.91	162	73.64
半塔镇	21	362	161	44.48	13	3.59	4	1.10	184	50.83
水口镇	15	402	65	16.17	17	4.23	6	1.49	314	78.11
大英镇	5	130	30	23.08	3	2.31	—	—	97	74.61
雷官镇	9	245	38	15.51	12	4.90	4	1.63	191	77.96
施官镇	14	271	82	30.26	—	—	—	—	189	69.74
三城镇	9	185	23	12.43	6	3.24	—	—	156	84.33
张山镇	9	123	43	34.96	6	4.88	—	—	74	60.16
舜山镇	10	168	85	50.60	4	2.38	—	—	79	47.02

续表 5-7

乡镇	行政村数量/个	自然村数量/个	集聚提升类		城郊融合类		特色保护类		搬迁撤并类	
			数量/个	占比/%	数量/个	占比/%	数量/个	占比/%	数量/个	占比/%
独山镇	7	152	30	19.74	3	1.97	—	—	119	78.29
杨郢乡	7	74	40	54.05	3	4.05	7	9.45	24	32.43
合计	130	2 541	698	27.47	90	3.54	23	0.91	1 730	68.08

根据表 5-7 可知，来安县 12 个乡镇共计拥有 2 541 个自然村，通过分类后，其中 698 个自然村被划为集聚提升类，占全部自然村数量的 27.47%；90 个自然村被划为城郊融合类，占全部自然村数量的 3.54%；23 个自然村被划为特色保护类，占全部自然村数量的 0.91%；1 730 个自然村被划为搬迁撤并类，占全部自然村数量的 68.08%。显然，搬迁撤并类自然村数量最多，处于领先地位。由于此次分类是经过充分征求村民意见和意愿的，因此，这也客观反映了村民迫切希望通过搬迁撤并来改变自身生产、生活条件的真实想法，具有广泛的民意基础。

(1) 集聚提升类自然村

从各个乡镇集聚提升类自然村的数量来看，半塔镇的该类自然村数量最多，高达 161 个，其次是舜山镇和施官镇，分别拥有集聚提升类自然村 85 个和 82 个，而三城镇则最少，拥有集聚提升类自然村 23 个。从集聚提升类自然村占所在乡镇自然村总数量的比例来看，杨郢乡的最高，为 54.05%，其次是舜山镇的 50.60%和半塔镇的 44.48%，同样三城镇的占比最小，仅为 12.43%。

(2) 城郊融合类自然村

从各个乡镇城郊融合类自然村的数量来看，水口镇的该类自然村数量最多，为 17 个，其次是半塔镇的 13 个，新安镇和雷官镇紧随其后，都为 12 个，而独山镇、大英镇和杨郢乡的最少，都为 3 个。从城郊融合类自然村占所在乡镇自然村总数量的比例来看，新安镇的最高，为 5.74%，其次是汊河镇的 5.00%和雷官镇的 4.90%，而独山镇的占比则最小，仅为 1.97%。

(3) 特色保护类自然村

来安县仅有 5 个乡镇拥有特色保护类自然村，从数量上看，汊河镇最少，仅为 2 个，半塔镇和雷官镇都有 4 个，水口镇则有 6 个，而杨郢乡的数量最多，为 7 个。从占比上看，杨郢乡最高，为 9.45%，其次是雷官镇，为 1.63%，水口镇和半塔镇则分别为 1.49%和 1.10%，而汊河镇的占比最小，仅为 0.91%。

(4) 搬迁撤并类自然村

从各个乡镇搬迁撤并类自然村的数量来看，水口镇的该类自然村数量最多，高达 314 个，其次是雷官镇的 191 个，施官镇和半塔镇紧随其后，分别为 189 个和 184 个，而杨郢乡的最少，仅为 24 个。从搬迁撤并类自然村占所在乡镇自然村总数量的比例来看，三城镇的最高，为 84.33%，其次是独山镇的 78.29% 和水口镇的 78.11%，而杨郢乡的占比则最小，为 32.43%。

综上，需要对来安县的半塔镇、水口镇、杨郢乡三个乡镇予以重点关注。首先，半塔镇的集聚提升类自然村数量最多(161 个)，比第 2 位的舜山镇(85 个)多了 76 个，首位度非常大，这也从一个方面反映了半塔镇的乡村振兴具有较好的资源基础和广泛的民意基础。其次，水口镇的城郊融合类自然村和搬迁撤并类自然村的数量均最多，特别是搬迁撤并类自然村，水口镇(314 个)比第 2 位的雷官镇(191)多了 123 个，首位度也非常大，这说明水口镇的乡村发展空间非常大，搬迁撤并的民意基础牢固，推进乡村振兴的意愿较为强烈。最后，杨郢乡也值得重点关注，其是来安县唯一的乡，同时拥有的自然村数量最少(74 个)，比自然村数量位于倒数第 2 位的张山镇(123 个)还要少 49 个，但其拥有的特色保护类自然村数量则最多(7 个)，占来安县全部特色保护类自然村数量的 30.43%，具有较明显的特殊性。因此，杨郢乡在乡村振兴过程中既要加快提高乡村发展水平，待条件成熟时启动撤乡变镇工作，同时还要加大保护好传统乡土特色资源和要素，确保传承好和利用好，打造富有地域特色的乡村振兴之路。

5.5 小结

本章继续以安徽省来安县为案例研究区，具体应用了本书所构建的乡村分类方法，实现了对来安县乡村的全面分类，并由此构建了基于“行政村—自然村”的两级乡村分类体系，将来安县所有的行政村和自然村分别划分为集聚提升类、城郊融合类、特色保护类和搬迁撤并类四类，由此为来安县全面分类实施乡村振兴战略奠定了坚实的基础。

首先，根据来安县乡村发展评价结果，应用行政村的分类方法和步骤，在理论上把 130 个行政村单元划分为集聚提升类、城郊融合类、特色保护类和搬迁撤并类四类村庄。其中，集聚提升类有 65 个行政村，城郊融合类有 30 个行政村，特色保护类有 13 个行政村，搬迁撤并类有 22 个行政村。

其次，对理论分类结果进行现场调研并广泛征求民意，其后进行全面校核，最终得到校核后的来安县行政村分类结果。其中，集聚提升类有 81 个行政村，城郊融合类有 26 个行政村，特色保护类有 7 个行政村，搬迁撤并类有 16 个行政村。

再次，在完成行政村的校核分类后，通过数据分析、现场调研和征求民意后，将全县的自然村也划分为集聚提升类、城郊融合类、特色保护类和搬迁撤并类四类。其中，集聚提升类有 698 个自然村，城郊融合类有 90 个自然村，特色保护类有 23 个自然村，搬迁撤并类有 1 730 个自然村。

最后，对来安县 12 个乡镇的自然村分类进行了汇总分析，从数量和占比方面分析了集聚提升类、城郊融合类、特色保护类和搬迁撤并类四类自然村的情况，同时指出应对半塔镇、水口镇、杨郢乡三个乡镇予以重点关注。

综上，本章重点对来安县的乡村发展进行了系统分类，从行政村层面、自然村层面分别进行了全面分类，将全县村庄划分为集聚提升类、城郊融合类、特色保护类和搬迁撤并类四类。同时，在乡镇层面上对各类村庄的情况进行了梳理和分析，这样不仅能为来安县乡村在地振兴的分类实施提供明确方向，而且能为相关地区的乡村分类实践提供参考和借鉴。

6　来安县乡村土地整治

本章继续以来安县为案例研究区，在第 4 章“来安县乡村发展评价”、第 5 章“来安县乡村分类”的基础上，进一步分析探讨来安县的乡村土地整治问题。根据国家相关政策要求，农村土地整治主要包括耕地和宅基地的整治两大部分。本章则聚焦来安县农村宅基地的整治问题，应用所构建的整治策略和方法，首先在理论上给出来安县农村居民点宅基地整治的潜力、规模和空间范围，其次结合来安县乡村分类中的搬迁撤并类村庄给出具体的整治规模、范围和相应的安置点布局，由此为来安县土地资源的节约集约利用和村庄的优化布局提供科学的决策依据。

6.1　政策要求

在关于农村宅基地的管理上，除了前述梳理的国家相关政策要求外，各地也纷纷出台了本地区的相应政策措施。安徽省近年来也出台了一系列关于农村宅基地的政策措施，这些都为来安县农村宅基地的整治明确了内容和方向。安徽省的相关政策要求具体梳理如下：

2016 年 2 月，《安徽省国土资源厅　安徽省财政厅　安徽省住房和城乡建设厅关于加强农村宅基地管理工作的通知》（皖国土资〔2016〕4 号）强调一要加强规划引导，合理确定宅基地面积标准，农村宅基地选址必须符合乡级土地利用总体规划和村庄规划，地上建筑物建设必须按批准的规划实施；制定符合当地实际的“一户一宅”宅基地面积标准和集中建设农民新居宅基地面积标准。二要严格宅基地使用管理，进一步加强耕地保护，明确宅基地申请条件，建立占用农用地审批备案制度。三要加强制度创新，促进宅基地使用节约集约。四要强化监管，建立共同管理责任机制。

2019 年 9 月，《中央农村工作领导小组办公室　农业农村部关于进一步加强农村宅基地管理的通知》（中农发〔2019〕11 号）要求一是切实履行部门职责，准确把握政策“底线”和核心要义，强化使命担当，做好工作衔接，确保农村宅基地管理工作不断档、不弱化；二是依法落实基层政府属地责任，县、乡（镇）政府要切实承担属地责任，强化组织领导，加强基层农村经营管理队伍建设；三是鼓励盘活利用闲置宅基地和闲置住宅，注重工作实践探索，各地要积极探索盘活利用农村闲置宅基地和闲置住宅的有效途径；四是做好宅基地基础工作，齐抓共管共享共治，各级农业农村部门要主动加强与自然资源、住房和城乡建设等部门的沟通协调，逐步探索建立多部门协调配合、信息共享、管理有序的农村宅基地管理体制机制。

2019 年 10 月，《安徽省自然资源厅　财政厅　住房和城乡建设厅　农业农村厅关于进一步推进全省房地一体农村宅基地和集体建设用地使用权确权登记颁证工作的通知》(皖自然资〔2019〕212 号)强调一要认真贯彻落实国家和省有关要求；二要准确把握农村不动产确权登记工作重点；三要因地制宜开展房地一体权籍调查；四要妥善解决历史遗留问题，严格执行宅基地“一户一宅”、面积标准等政策；五要严格数据库建设标准确保成果质量。

2020 年 2 月，《安徽省农业农村厅关于组织申报开展农村闲置宅基地和闲置住宅盘活利用试点示范有关事项的通知》(皖农合函〔2020〕151 号)要求一是鼓励因地制宜利用闲置住宅发展符合乡村特点的休闲农业、乡村旅游、餐饮民宿、文化体验、创意办公、电商物流、乡居康养等新产业新业态，以及农产品初加工、仓储等产业融合发展项目；二是在充分保障农民宅基地合法权益的前提下，支持农村集体经济组织及其成员采取自营、出租、入股、合作等多种方式盘活利用农村闲置宅基地和闲置住宅；三是探索建立闲置宅基地“三权分置”，适度放活闲置宅基地和闲置住宅使用权；四是防止侵占耕地、大拆大建、违规开发，确保盘活利用的农村闲置宅基地和闲置住宅依法取得、权属清晰。

2020 年 4 月，《安徽省农业农村厅　安徽省自然资源厅关于进一步加强农村宅基地审批管理的实施意见》(皖农合〔2020〕38 号)指出宅基地的选址及规模应符合经依法批准的村庄规划，未经法定程序不得擅自修改村庄规划；在实施城乡建设用地增减挂钩项目时，建新地块要优先保障拆迁安置的农村宅基地用地需求；对 2020 年 1 月 1 日之前历史形成的宅基地面积超标、“一户多宅”等问题，在征得宅基地所有权人同意的前提下，鼓励农村村民在本集体经济组织内部向符合宅基地申请条件的农户转让宅基地。

2020 年 4 月，《安徽省村庄规划编制技术指南》(试行)指出，农村宅基地的面积标准为：城郊、农村集镇和圩区每户不得超过 160 m^2；淮北平原地区每户不得超过 220 m^2；山区和丘陵地区每户不得超过 160 m^2；利用荒山、荒地建房的每户不得超过 300 m^2。村民建房应尽量使用原有的宅基地、村内空闲地和其他非耕地。每户只能拥有一处住宅。出租、出卖房屋的，不再批给宅基地。

2020 年 6 月，《安徽省自然资源厅关于加快宅基地和集体建设用地使用权确权登记工作的通知》(皖自然资登函〔2020〕14 号)要求各地要以未确权登记的宅基地和集体建设用地为工作重点，对符合登记条件的办理房地一体不动产登记；2021 年底前，全省所有县(市、区)要将数据成果逐级汇交至国家级不动产登记中心信息管理基础平台；严格落实月报制度，真实上报各地进展情况，及时研究解决问题。

通过以上安徽省关于农村宅基地的政策文件梳理可知，农村宅基地整治的重点在于三个方面：一是要合理使用农村建设用地，确保“一户一宅”；二是要严格落实农村宅基地面积标准，不得超标占用；三是通过农村宅基地整治来盘活利用闲置宅基地、超标宅基地，进而整合村庄建设用地，这样既能节约集约利用土地资源，又能优化村庄空间布局。这样做的目的就在于充分挖掘农村建设用地潜力，为乡村振兴和城乡融合发展以及乡村经济社会高水平、高质量发展夯实基础。

6.2 整治测算

6.2.1 现状分析

根据来安县农业普查数据和土地利用调查数据，来安县 12 个乡镇的现状农村宅基地面积情况如表 6-1 所示。由表 6-1 可知，来安县 12 个乡镇的农村宅基地面积共计 7 661.094 0 hm²，农村户数共有 103 743 户，户均宅基地面积为 738.468 5 m²。

表 6-1 来安县各乡镇现状农村宅基地面积统计一览表

乡镇	宅基地面积/hm²	户数/户	户均宅基地面积/m²
大英镇	233.487 9	4 017	581.249 4
汊河镇	681.698 7	10 348	658.773 4
独山镇	384.143 3	5 811	661.062 3
舜山镇	664.028 2	9 107	729.140 4
新安镇	752.392 4	10 271	732.540 6
施官镇	788.500 6	10 733	734.650 7
杨郢乡	423.256 6	5 640	750.455 0
张山镇	467.998 3	6 213	753.256 6
半塔镇	1 212.820 0	15 941	760.818 0
三城镇	426.600 6	5 572	765.614 9
水口镇	1 040.891 0	13 419	775.684 5
雷官镇	585.276 4	6 671	877.344 3
合计	7 661.094 0	103 743	738.468 5

按照安徽省的农村宅基地面积标准（三个等级：160 m²/户、220 m²/户、300 m²/户）要求，来安县农村户均宅基地面积远远大于安徽省的面积标准，分别超出了 578.468 5 m²、518.468 5 m²、438.468 5 m²。根据来安县的区位条件，其农村宅基地面积标准应按照 160 m²/户执行。由此可见，来安县农村户均宅基地面积值超标太多，显然存在着较为突出的粗放利用现

象，土地整治的潜力较大，这也预示着通过宅基地的确权与整治将能获得较为可观的土地富余资源，从而能为来安县的乡村振兴和经济社会发展建设提供更多的用地空间。

从各个乡镇的情况来看，现状户均宅基地面积最大的是雷官镇，其户均宅基地面积高达 877.344 3 m^2，是安徽省标准(160 m^2/户)的 5.48 倍；其次是水口镇和三城镇，其户均宅基地面积分别为 775.684 5 m^2 和 765.614 9 m^2。户均宅基地面积最小的是大英镇，其值为 581.249 4 m^2，比户均宅基地面积最大的雷官镇少了 296.094 9 m^2，两者相差极大。以来安县的农村户均宅基地面积 738.468 5 m^2 为标准，小于该标准的有大英镇、汊河镇、独山镇、舜山镇、新安镇、施官镇 6 个乡镇，而另外 6 个乡镇则大于县平均值。所有乡镇的户均宅基地面积的标准差为 73.187 6 m^2，可见乡镇之间的差异不大，基本上较为平均化。从数据的分布上看，小于 600 m^2 的仅有一个镇，即大英镇，大于 800 m^2 的也仅有一个镇，即雷官镇，600—700 m^2 的仅有 2 个镇，即汊河镇和独山镇，余下的 8 个乡镇则全部为 700—800 m^2，这说明来安县各个乡镇之间的户均宅基地面积相差不大，不存在大起大落、参差不齐的明显态势。

特别是只有雷官镇的户均宅基地面积超过了 800 m^2，其值与其他乡镇形成了鲜明对比。因此，单纯以现状户均宅基地面积来看，在来安县乡镇农村宅基地整治中，可以雷官镇为重点优先镇，率先对其开展宅基地整治工作，由此为来安县农村宅基地整治和土地资源的节约集约利用做出示范。除了雷官镇以外，还要对 5 个乡镇予以重视，包括杨郢乡、张山镇、半塔镇、三城镇和水口镇，其户均宅基地面积分别为 750.455 0 m^2、753.256 6 m^2、760.818 0 m^2、765.614 9 m^2 和 775.684 5 m^2，都大于全县的平均值 738.468 5 m^2，因此，这 5 个乡镇也是来安县农村宅基地整治工作需予以重点关注的地区。

6.2.2 整治潜力测算

根据第 2.7.2 节的整治潜力测算方法，当现状户均宅基地面积超标时，就可以测算宅基地的整治潜力规模，由此得到整治的效果，即通过整治能得到的富余土地资源。在公式(2-20)的基础上，将来安县农村宅基地整治的计算公式修正为

$$S = \sum_{n=1}^{12} m_n (s_{ni} - s_{nj}) \tag{6-1}$$

式中：S 为来安县农村宅基地的整治潜力规模，即通过宅基地整治可以得到的富余土地资源；m_n 为第 n 个乡镇的农村居民点户数，共计 12 个乡镇；s_{ni} 为第 n 个乡镇的现状农村宅基地户均面积；s_{nj} 为第 n 个乡镇的农村宅基地户均面积标准。

显然,来安县12个乡镇的农村宅基地户均面积标准是一样的。为了更加全面、系统地测算来安县农村宅基地的整治潜力,有必要进行情景分析,即选用不同的宅基地户均面积标准进行测算,即用不同的 s_{nj} 来进行测算,由此为整治决策提供备选方案。基于情景分析的来安县农村宅基地整治潜力测算结果详见表6-2。

表6-2 来安县农村宅基地整治潜力测算一览表

乡镇	整治潜力/hm²			
	情景一	情景二	情景三	情景四
大英镇	169.215 9	145.113 9	112.977 9	85.166 5
汊河镇	516.130 7	454.042 7	371.258 7	299.615 1
独山镇	291.167 3	256.301 3	209.813 3	169.581 3
舜山镇	518.316 2	463.674 2	390.818 2	327.766 5
新安镇	588.056 5	526.430 5	444.262 5	373.151 9
施官镇	616.772 6	552.374 6	466.510 6	392.201 4
杨郢乡	333.016 6	299.176 6	254.056 6	215.008 5
张山镇	368.590 3	331.312 3	281.608 3	238.593 0
半塔镇	957.764 5	862.118 5	734.590 5	624.224 1
三城镇	337.448 6	304.016 6	259.440 6	220.863 3
水口镇	826.186 9	745.672 9	638.320 9	545.415 4
雷官镇	478.540 4	438.514 4	385.146 4	338.960 2
合计	6 001.206 5	5 378.748 5	4 548.804 5	3 830.547 2

(1) 情景一

情景一的宅基地面积标准为160 m^2/户,这也是安徽省农村宅基地面积标准要求的最小值。此时,全县在理论上通过宅基地整治腾能挪出的土地约6 001.21 hm^2,即可以节约土地约6 001.21 hm^2。在所有的12个乡镇中,半塔镇的整治潜力最大,其通过宅基地的合法合规使用,在理论上可以节约土地约957.76 hm^2;其次是水口镇和施官镇,在理论上分别可以节约土地约826.19 hm^2 和约616.77 hm^2。大英镇的整治潜力最小,其在理论上可以节约土地约169.22 hm^2;其次是独山镇和杨郢乡,在理论上分别可以节约土地约291.17 hm^2 和约333.02 hm^2。

(2) 情景二

情景二的宅基地面积标准为220 m^2/户,这也是安徽省农村宅基地面积标准要求的中间值。此时,全县在理论上通过宅基地整治能腾挪出的土地约5 378.75 hm^2,即可以节约土地约5 378.75 hm^2。在所有的12个乡镇中,半塔镇的整治潜力最大,其通过宅基地的合法合规使用,在理论上可以节约土地约862.12 hm^2;其次是水口镇和施官镇,在理论上分别可以节约土地约745.67 hm^2 和约552.37 hm^2。大英镇的整治潜力最小,其在理论上可以节约土地约 145.11 hm^2；其次是独山镇和杨郢乡，在理论上分别可以节约土地约 256.30 hm^2 和约 299.18 hm^2。

（3）情景三

情景三的宅基地面积标准为 300 m^2/户，这也是安徽省农村宅基地面积标准要求的最大值。此时，全县在理论上通过宅基地整治能腾挪出的土地约 4 548.80 hm^2，即可以节约土地约 4 548.80 hm^2。在所有的 12 个乡镇中，半塔镇的整治潜力最大，其通过宅基地的合法合规使用，在理论上可以节约土地约 734.59 hm^2；其次是水口镇和施官镇，在理论上分别可以节约土地约 638.32 hm^2 和约 466.51 hm^2。大英镇的整治潜力最小，其在理论上可以节约土地约 112.98 hm^2；其次是独山镇和杨郢乡，在理论上分别可以节约土地约 209.81 hm^2 和约 254.06 hm^2。

（4）情景四

上述三种情景都是按照安徽省农村宅基地面积标准要求进行测算的。但应看到，农村宅基地粗放利用、超标占用现象不是在短期内形成的，其具有较长的历史渊源和现实的利益驱动，两者相互交织在一起。因此，农村宅基地整治将具有复杂性和长期性。基于此，情景四的设定标准是"减半"，即在现状来安县农村户均宅基地面积（738.468 5 m^2）的基础上，通过整治实现压减一半的目标，即设定来安县农村户均宅基地面积标准为 369.234 3 m^2。这样，全县在理论上通过宅基地整治能腾挪出的土地约 3 830.55 hm^2，即可以节约土地约 3 830.55 hm^2。在所有的 12 个乡镇中，半塔镇的整治潜力最大，其通过宅基地的合法合规使用，在理论上可以节约土地约 624.22 hm^2；其次是水口镇和施官镇，在理论上分别可以节约土地约 545.42 hm^2 和约 392.20 hm^2。大英镇的整治潜力最小，其在理论上可以节约土地约 85.17 hm^2；其次是独山镇和杨郢乡，在理论上分别可以节约土地约 169.58 hm^2 和约 215.01 hm^2。

综上，按照 160 m^2/户、220 m^2/户、300 m^2/户、369.234 3 m^2/户的宅基地面积标准测算，来安县通过整治在理论上分别可以节约土地约 6 001.21 hm^2、约 5 378.75 hm^2、约 4 548.80 hm^2 和约 3 830.55 hm^2。显然，不论采用哪种标准，来安县农村宅基地整治都具有很大的空间，在理论上都能得到较为可观、充足的富余土地资源，这将为来安县挖掘存量土地潜力以及为来安县乡村振兴、农业发展、城乡建设提供更加充足的国土空间。在未来县域各乡镇的土地整治过程中，要逐步实现对空心村及非法占用耕地的宅基地进行拆除、复垦或他用，从而实现村庄土地利用的可持续发展。

6.3 整治区域

6.3.1 整治分区

为了更有针对性地进行来安县农村宅基地整治，应进一步明确不同等级的整治区域，即将全县划分为不同等级的整治区域。根据第2.7.2节的整治区域划分思路和方法，以现状各乡镇的户均宅基地面积、各乡镇的宅基地整治潜力规模、各乡镇的行政村乡村发展综合指数的平均值为三个基本约束条件，确定各个乡镇的农村宅基地整治等级及其空间分布格局。具体来看，将现状户均宅基地面积越大，或通过宅基地整治而得到的节约用地越多的乡镇，以及综合指数平均值越低的乡镇作为整治区域划分的基本依据，同时满足约束条件的乡镇将是来安县农村土地整治的重点区域。该类区域现状农村宅基地存在较大浪费，通过整治而节约的土地相应较多，同时，其下辖行政村乡村发展综合指数的平均值也相对较低，简而言之，"发展水平低，宅基地使用粗放"是重点整治区域的根本特点。显然，"发展水平较低，宅基地使用较粗放"的乡镇应被划分为较重点整治区域，其他的乡镇则属于一般整治区域，由此为来安县的农村宅基地整治工作明确了先后次序。

（1）重点整治区域

来安县农村宅基地整治的重点区域包括半塔镇、三城镇、雷官镇、施官镇和杨郢乡的村庄地区。这五个乡镇的农村宅基地存在显著的粗放利用特点，土地整治的现实需求最大，同时，其下辖行政村乡村发展综合指数的平均值低。从整治的效果来看，这五个乡镇在同样的投入下将能得到更为明显的收益和成效，因此，在理论上应作为重点整治区域。

（2）较重点整治区域

来安县农村宅基地整治的较重点区域包括独山镇、水口镇和汊河镇的村庄地区。这三个乡镇的农村宅基地使用较粗放，未来整治的潜力规模较大，同时，其下辖行政村乡村发展综合指数的平均值相对较低，在理论上可作为来安县第二等级的整治区域。

（3）一般整治区域

来安县农村宅基地整治的一般区域包括大英镇、张山镇、舜山镇、新安镇的村庄地区。这四个乡镇的农村宅基地使用相对节约集约，而其下辖行政村乡村发展综合指数的平均值相对较高，对农村宅基地整治的现实需求和迫切性相对较低，因此，这四个乡镇在理论上可以作为一般整治区域。

根据上述划分，来安县农村宅基地三大整治区域的空间分布具体如图6-1所示。

根据图6-1可知，来安县农村宅基地的重点整治区域在空间上可细分为四个相对独立的片区，即县域南部的三城镇和雷官镇，县域中部的施官镇，县域北部的半塔镇和杨郢乡。较重点整治区域形成了一个相对完整的区域，其由县域南部的独山镇、水口镇和汊河镇三个相邻的乡镇集聚而成。一般整治区域则在空间上形成"一点一片"的态势："一点"即南部

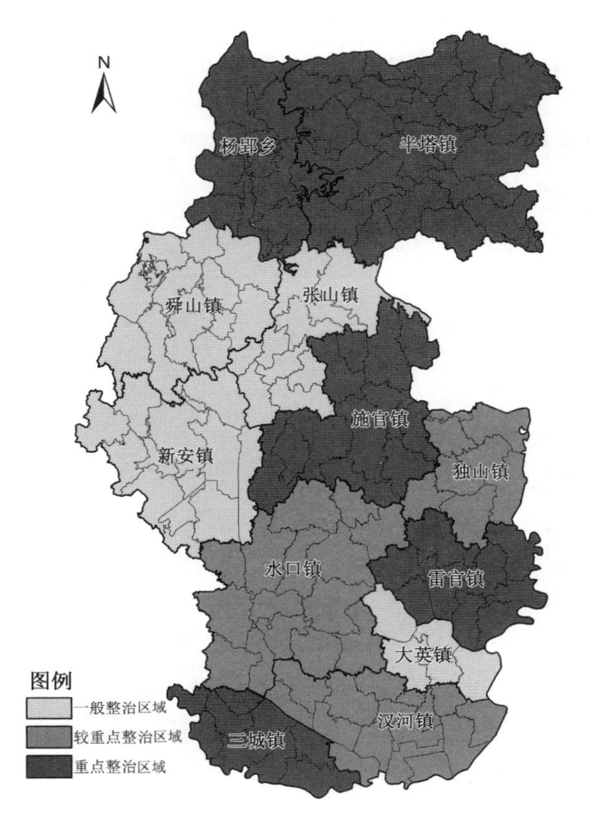

图 6-1 来安县农村宅基地整治空间分布图

的大英镇;“一片”则由张山镇、舜山镇和新安镇三个相邻的乡镇共同构成。

6.3.2 近期整治

显然,近期整治区域更应该从来安县重点整治区域中的村庄来遴选,即要优先从半塔镇、三城镇、雷官镇、施官镇和杨郢乡的村庄中进行选择。这 5 个乡镇共计拥有行政村 60 个,考虑到农村宅基地整治的资源投入效率和整治效果,对于这些近期要整治区域内的村庄也应分清主次、精准整治,避免面面俱到。具体而言,要以这 60 个行政村的乡村发展综合指数作为约束条件来得到近期整治的村庄,即要把那些综合指数小于所在乡镇行政村乡村发展综合指数平均值的村庄作为来安县近期农村宅基地重点整治的村庄。以半塔镇为例,其行政村乡村发展综合指数的平均值为 0.581 6,在其下辖的行政村中,乡村发展综合指数小于 0.581 6 的应作为半塔镇近期优先整治的村庄。同理,得到三城镇、雷官镇、施官镇和杨郢乡的近期优先整治村庄,由此得到近期来安县农村宅基地整治的 25 个重点村庄,具体如表 6-3 所示。

表 6-3　来安县近期农村宅基地整治重点村庄一览表

乡镇	近期重点整治村庄	乡村发展综合指数
半塔镇	小山村	0.162 3
	马头村	0.254 7
	邢港村	0.288 7
	兴隆村	0.327 8
	高山村	0.385 2
	马厂村	0.488 1
	北涧村	0.536 9
三城镇	沈圩村	0.206 3
	广大村	0.381 4
	天涧村	0.476 2
	河口村	0.522 2
雷官镇	杨渡村	0.321 0
	陈官村	0.422 6
	桥湾村	0.512 6
	五里村	0.512 6
	高场村	0.588 5
施官镇	彭岗村	0.366 2
	中所村	0.521 3
	贾龙村	0.687 3
	桥西村	0.697 0
	张储村	0.709 9
	仙山村	0.710 5
杨郢乡	陡山村	0.490 1
	红星村	0.496 8
	高郢村	0.515 3

根据表 6-3 可知，半塔镇有 7 个行政村符合近期宅基地整治重点村庄的标准，三城镇有 4 个行政村，雷官镇有 5 个行政村，施官镇有 6 个行政村，杨郢乡则有 3 个行政村。总体来看，5 个乡镇的 25 个行政村应作为来安县近期宅基地整治重点村庄。这 25 个行政村的空间分布如图 6-2 所示。

在空间分布上，25 个近期宅基地整治重点村庄以三大片区的空间形态分布在县域的南部、中部和北部，其中北部村庄最多，中部其次，南部最

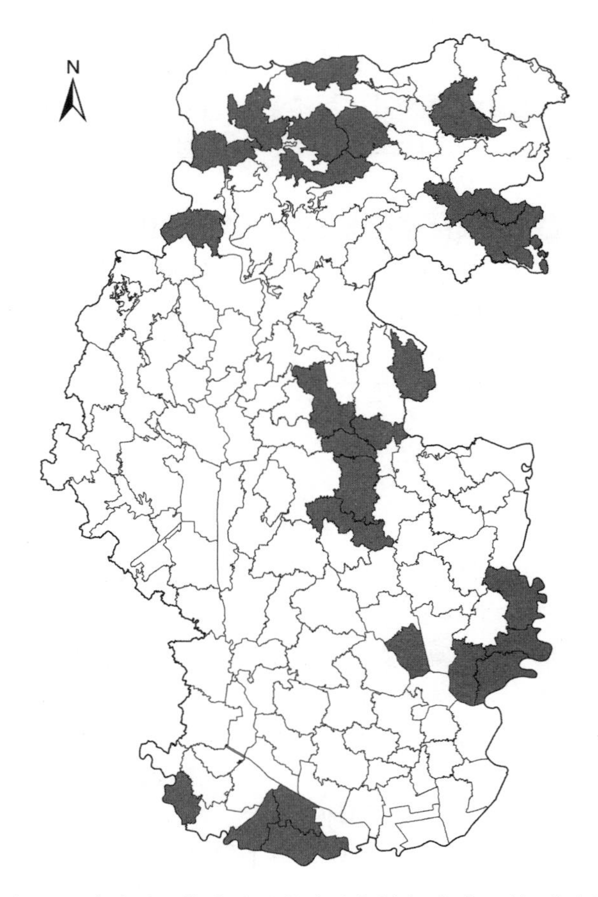

图 6-2　来安县近期宅基地整治重点村庄(深色区域)分布图

少,呈现出从北向南梯度减少的空间格局。这样,来安县农村宅基地整治的重点区域在宏观层面上是半塔镇、三城镇、雷官镇、施官镇和杨郢乡 5 个乡镇,而近期宅基地整治重点村庄则是 5 个乡镇的 25 个行政村,由此为来安全县的农村宅基地整治工作提供了明确的对象和路径。

6.4　实践校核

上述来安县整治潜力测算、整治区域划分、近期整治区域均是理论上的分析和模拟,其作用在于为来安县农村宅基地的整治提供了理论上的整治规模、空间与时序。如同乡村分类一样,根据国家和安徽省的要求,农村宅基地整治也必须要充分尊重民意,不得强制搬迁整治。基于此,本节根据来安县经过实践校核和征求村民意见后的村庄分类结果,进一步测算来安县村庄土地整治的潜力规模和安置情况。下面以新安镇为例来说明其村庄土地整治的实践校核与测算过程。

首先,根据新安镇的自然村分类结果(详见第 5.3.1 节),将其各个行政村的搬迁撤并类自然村作为整治的具体对象,统计新安镇搬迁撤并类自然村的现状村庄用地面积 S_1。需指出的是，一个自然村既然被搬迁撤并了，不仅其宅基地会被整治，而且其他各类村庄用地也必然会被整治，因此，S_1 是搬迁撤并类自然村的村庄用地面积，包括宅基地、道路、公共设施等各类村庄建设用地。具体来说，S_1 可以通过土地利用调查数据计算得到。

其次，按照安徽省农村宅基地面积标准，来安县应采取 160 m²/户的标准，据此，再根据新安镇搬迁撤并类自然村的数量、户数，计算得到新安镇所需规划安置区的用地面积 S_2。同理，160 m² 仅是户均宅基地面积，安置区不仅要有宅基地，而且要有道路、公共设施等其他配套用地，因此，S_2 也是安置区的总用地面积，包括宅基地、道路、公共设施等各类村庄建设用地。S_2 的计算公式具体为

$$S_2 = \sum_{i=1}^{141} 160 m_i (1 + k) \tag{6-2}$$

式中：m_i 是第 i 个搬迁撤并类自然村的户数，即需要安置的户数，新安镇共规划有 141 个搬迁撤并类自然村；160 即安置区户均宅基地的面积标准（160 m²/户）；k 是用地测算系数，其是安置区除了宅基地以外的其他村庄建设用地的测算系数，即安置区需要配套的道路、公共设施等其他用地与宅基地面积的比值，可通过来安县的既有经验值来进行确定。

再次，根据公式(2-22)的方法原理，利用搬迁撤并类自然村的现状村庄用地面积 S_1 和规划安置区的用地面积 S_2，从而计算得到新安镇经实践校核后的村庄土地整治的潜力规模 S，即有下式：

$$S = S_1 - S_2 \tag{6-3}$$

最后，根据规划安置区的用地面积 S_2 的大小情况，结合相关规划，通过现场调研、征求村民意见，并严格按照尽可能不占用永久基本农田、生态保护红线的基本要求，选择安置区的意向位置，从而得到安置区的规划空间布局结果。

总体来看，只要按照“自然村—行政村—乡镇—来安县”的先后次序，即“自下而上”的校核方法，就能逐步得到来安县村庄土地整治的校核测算结果。这样，从最基层的自然村入手，通过实践校核，就可以依次得到行政村、乡镇的实际村庄土地整治的潜力规模，最后汇总得到来安全县村庄土地整治的潜力规模，由此为来安县的乡村振兴和村庄优化布局提供第一手的基础资料和决策依据。

6.4.1 新安镇整治校核

根据前述新安镇的自然村分类结果可知，新安镇规划搬迁撤并类自然村共计 141 个。据此，按照上述方法对新安镇 141 个搬迁撤并类自然村进行土地整治校核，结果如表 6-4 和图 6-3 所示。总体来看，新安镇所有自

然村的现状村庄用地面积共计 825.59 hm^2，通过整治，新安镇 141 个搬迁撤并类自然村可以腾挪出土地 438.63 hm^2，而保留自然村的村庄用地面积则共有 386.96 hm^2。对于 141 个搬迁撤并类自然村，一部分规划安置在城镇开发边界内，即转为城镇社区，一部分则需要规划新建 9 个农村安置区，共计用地 70.87 hm^2。这样经整治后，新安镇的村庄用地面积（保留自然村的村庄用地面积加上规划安置区用地面积）将共有 457.83 hm^2，同时，可以实际净增加的用地面积（搬迁撤并类自然村的村庄用地面积减去规划安置区用地面积）为 367.76 hm^2，即经校核后的新安镇村庄土地整治的潜力规模为 367.76 hm^2。

表 6-4　新安镇村庄土地整治校核一览表　　单位：hm^2

现状村庄用地面积	搬迁撤并类自然村村庄用地面积	整治后保留自然村村庄用地面积	规划安置区用地面积	整治潜力规模
825.59	438.63	386.96	70.87	367.76

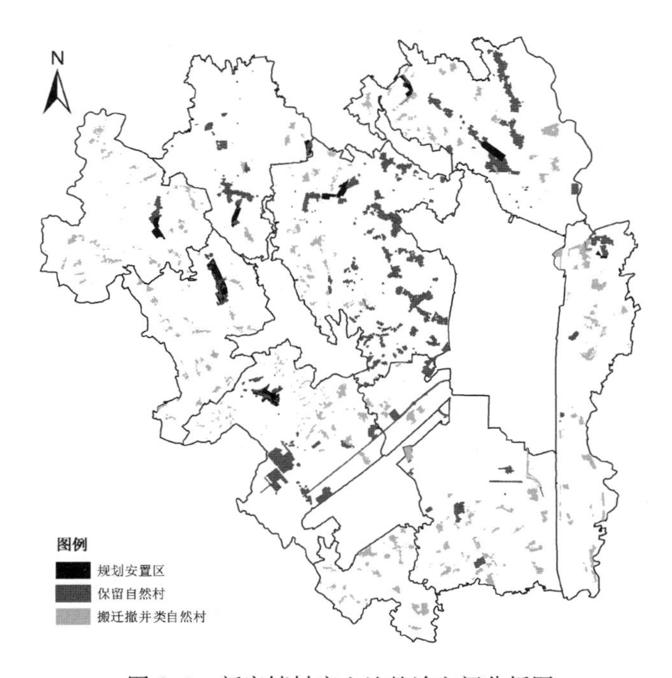

图 6-3　新安镇村庄土地整治空间分析图

6.4.2　汉河镇整治校核

根据前述汉河镇的自然村分类结果可知，汉河镇规划搬迁撤并类自然村共计 162 个。据此，按照上述方法对汉河镇 162 个搬迁撤并类自然村进行土地整治校核，结果如表 6-5 和图 6-4 所示。总体来看，汉河镇所有自然村的现状村庄用地面积共计 748.58 hm^2，通过整治，汉河镇 162 个搬迁撤并类自然村可以腾挪出土地 425.37 hm²，而保留自然村的村庄用地面积则共有 323.21 hm²。对于 162 个搬迁撤并类自然村，一部分规划安置在城镇开发边界内，即转为城镇社区，一部分则需要规划新建 7 个农村安置区，共计用地 23.50 hm²。这样经整治后，汉河镇的村庄用地面积将共有 346.71 hm²，同时，可以实际净增加的用地面积为 401.87 hm²，即经校核后的汉河镇村庄土地整治的潜力规模为 401.87 hm²。

表 6-5　汉河镇村庄土地整治校核一览表　　单位：hm²

现状村庄用地面积	搬迁撤并类自然村村庄用地面积	整治后保留自然村村庄用地面积	规划安置区用地面积	整治潜力规模
748.58	425.37	323.21	23.50	401.87

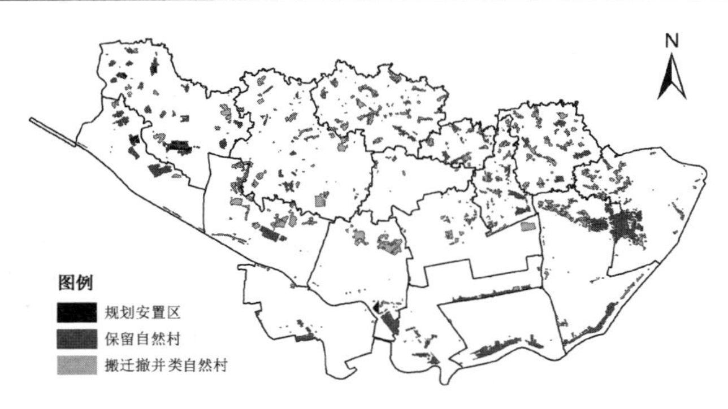

图 6-4　汉河镇村庄土地整治空间分析图

6.4.3　半塔镇整治校核

根据前述半塔镇的自然村分类结果可知，半塔镇规划搬迁撤并类自然村共计 184 个。据此，按照上述方法对半塔镇 184 个搬迁撤并类自然村进行土地整治校核，结果如表 6-6 和图 6-5 所示。总体来看，半塔镇所有自然村的现状村庄用地面积共计 1 354.17 hm²，通过整治，半塔镇 184 个搬迁撤并类自然村可以腾挪出土地 643.94 hm²，而保留自然村的村庄用地面积则共有710.23 hm²。对于 184 个搬迁撤并类自然村，需要规划新建 51 个农村安置区，共计用地 283.19 hm²。这样经整治后，半塔镇的村庄用地面积将共有 993.42 hm²，同时，可以实际净增加的用地面积为 360.75 hm²，即经校核后的半塔镇村庄土地整治的潜力规模为 360.75 hm²。

表 6-6　半塔镇村庄土地整治校核一览表　　单位：hm²

现状村庄用地面积	搬迁撤并类自然村村庄用地面积	整治后保留自然村村庄用地面积	规划安置区用地面积	整治潜力规模
1 354.17	643.94	710.23	283.19	360.75

图 6-5 半塔镇村庄土地整治空间分析图

6.4.4 水口镇整治校核

根据前述水口镇的自然村分类结果可知，水口镇规划搬迁撤并类自然村共计 314 个。据此，按照上述方法对水口镇 314 个搬迁撤并类自然村进行土地整治校核，结果如表 6-7 和图 6-6 所示。总体来看，水口镇所有自然村的现状村庄用地面积共计 1 127.20 hm^2，通过整治，水口镇 314 个搬迁撤并类自然村可以腾挪出土地 853.57 hm^2，而保留自然村的村庄用地面积则共有 273.63 hm^2。对于 314 个搬迁撤并类自然村，一部分规划安置在城镇开发边界内，即转为城镇社区，一部分则需要规划新建 30 个农村安置区，共计用地 172.17 hm^2。这样经整治后，水口镇的村庄用地面积将共有 445.80 hm^2，同时，可以实际净增加的用地面积为 681.40 hm^2，即经校核后的水口镇村庄土地整治的潜力规模为 681.40 hm^2。

表 6-7 水口镇村庄土地整治校核一览表 单位：hm^2

现状村庄用地面积	搬迁撤并类自然村村庄用地面积	整治后保留自然村村庄用地面积	规划安置区用地面积	整治潜力规模
1 127.20	853.57	273.63	172.17	681.40

6.4.5 大英镇整治校核

根据前述大英镇的自然村分类结果可知，大英镇规划搬迁撤并类自然村共计 97 个。据此，按照上述方法对大英镇 97 个搬迁撤并类自然村进行土地整治校核，结果如表 6-8 和图 6-7 所示。总体来看，大英镇所有自然村的现状村庄用地面积共计 270.61 hm^2，通过整治，大英镇 97 个搬迁撤并类自然村可以腾挪出土地 172.91 hm^2，而保留自然村的村庄用地面积则共有 97.70 hm^2。对于 97 个搬迁撤并类自然村，一部分规划安置在城镇开发

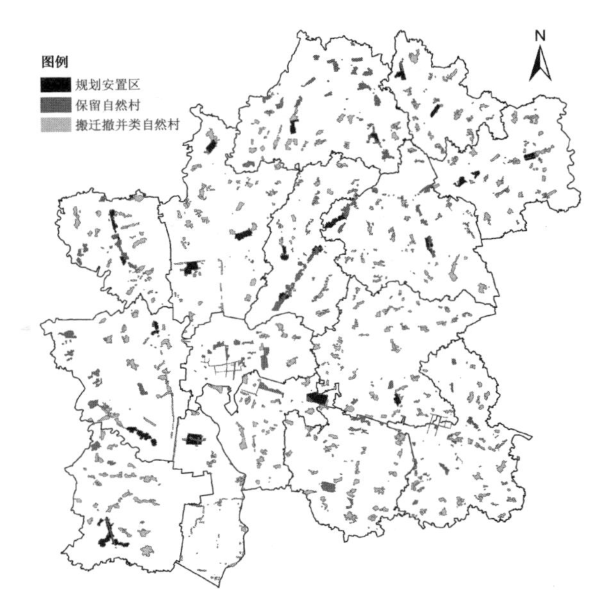

图 6-6　水口镇村庄土地整治空间分析图

边界内，即转为城镇社区，一部分则需要规划新建 11 个农村安置区，共计用地 64.34 hm^2。这样经整治后，大英镇的村庄用地面积将共有 162.04 hm^2，同时，可以实际净增加的用地面积为 108.57 hm^2，即经校核后的大英镇村庄土地整治的潜力规模为 108.57 hm^2。

表 6-8　大英镇村庄土地整治校核一览表　　单位：hm^2

现状村庄用地面积	搬迁撤并类自然村村庄用地面积	整治后保留自然村村庄用地面积	规划安置区用地面积	整治潜力规模
270.61	172.91	97.70	64.34	108.57

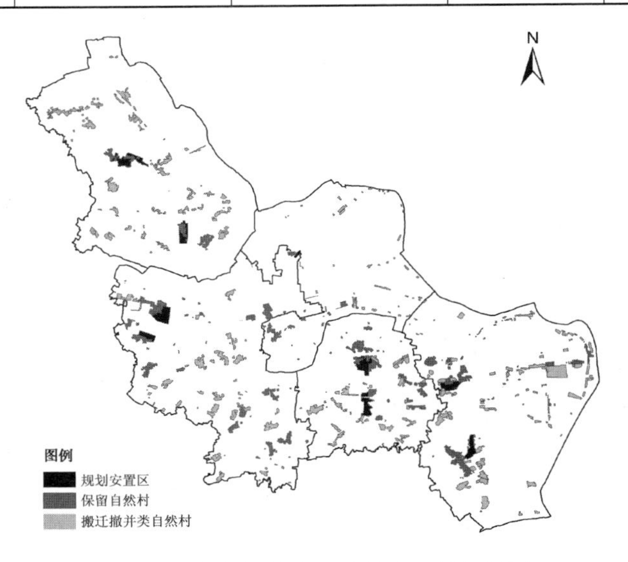

图 6-7　大英镇村庄土地整治空间分析图

6.4.6 雷官镇整治校核

根据前述雷官镇的自然村分类结果可知，雷官镇规划搬迁撤并类自然村共计 191 个。据此，按照上述方法对雷官镇 191 个搬迁撤并类自然村进行土地整治校核，结果如表 6-9 和图 6-8 所示。总体来看，雷官镇所有自然村的现状村庄用地面积共计 596.87 hm^2，通过整治，雷官镇 191 个搬迁撤并类自然村可以腾挪出土地 404.35 hm^2，而保留自然村的村庄用地面积则共有 192.52 hm^2。对于 191 个搬迁撤并类自然村，需要规划新建 18 个农村安置区，共计用地 94.70 hm^2。这样经整治后，雷官镇的村庄用地面积将共有 287.22 hm^2，同时，可以实际净增加的用地面积为 309.65 hm^2，即经校核后的雷官镇村庄土地整治的潜力规模为 309.65 hm^2。

表 6-9　雷官镇村庄土地整治校核一览表　　单位：hm^2

现状村庄用地面积	搬迁撤并类自然村村庄用地面积	整治后保留自然村村庄用地面积	规划安置区用地面积	整治潜力规模
596.87	404.35	192.52	94.70	309.65

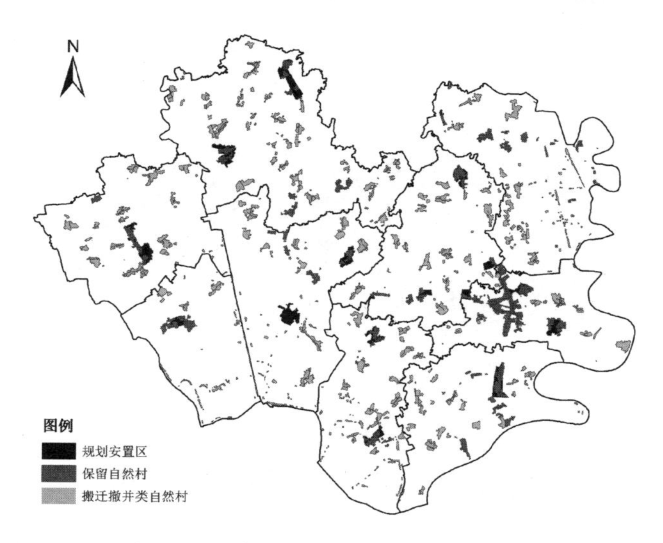

图 6-8　雷官镇村庄土地整治空间分析图

6.4.7 施官镇整治校核

根据前述施官镇的自然村分类结果可知，施官镇规划搬迁撤并类自然村共计 189 个。据此，按照上述方法对施官镇 189 个搬迁撤并类自然村进行土地整治校核，结果如表 6-10 和图 6-9 所示。总体来看，施官镇所有自然村的现状村庄用地面积共计 771.75 hm^2，通过整治，施官镇 189 个搬迁撤并类自然村可以腾挪出土地 477.31 hm²,而保留自然村的村庄用地面积则共有 294.44 hm²。对于 189 个搬迁撤并类自然村,一部分规划安置在城镇开发边界内,即转为城镇社区,一部分则需要规划新建 26 个农村安置区,共计用地 134.64 hm²。这样经整治后,施官镇的村庄用地面积将共有 429.08 hm²,同时,可以实际净增加的用地面积为 342.67 hm²,即经校核后的施官镇村庄土地整治的潜力规模为 342.67 hm²。

表 6-10　施官镇村庄土地整治校核一览表　　单位：hm²

现状村庄用地面积	搬迁撤并类自然村村庄用地面积	整治后保留自然村村庄用地面积	规划安置区用地面积	整治潜力规模
771.75	477.31	294.44	134.64	342.67

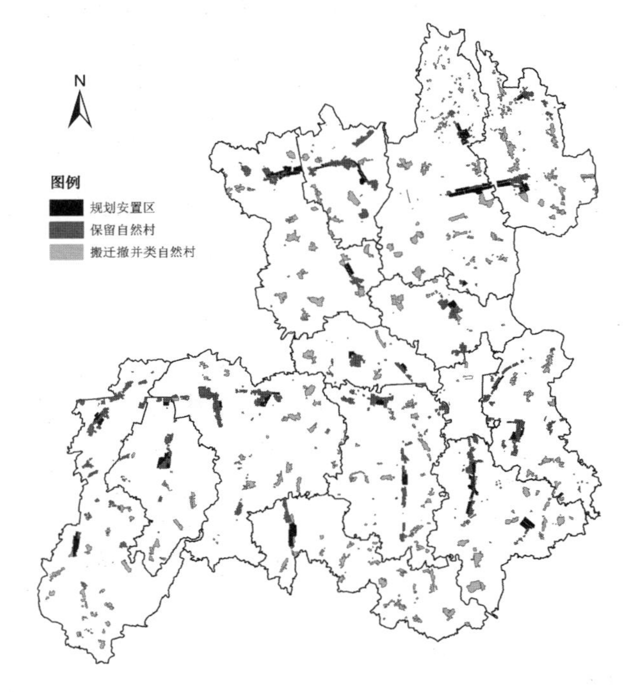

图 6-9　施官镇村庄土地整治空间分析图

6.4.8　三城镇整治校核

根据前述三城镇的自然村分类结果可知,三城镇规划搬迁撤并类自然村共计 156 个。据此,按照上述方法对三城镇 156 个搬迁撤并类自然村进行土地整治校核,结果如表 6-11 和图 6-10 所示。总体来看,三城镇所有自然村的现状村庄用地面积共计 440.69 hm²,通过整治,三城镇 156 个搬迁撤并类自然村可以腾挪出土地 419.23 hm²,而保留自然村的村庄用地面积则共有21.46 hm²。对于 156 个搬迁撤并类自然村,需要规划新建 2 个农村安置区，共计用地 124.30 hm^2。这样经整治后，三城镇的村庄用地面积将共有 145.76 hm^2，同时，可以实际净增加的用地面积为 294.93 hm^2，即经校核后的三城镇村庄土地整治的潜力规模为 294.93 hm^2。

表 6-11　三城镇村庄土地整治校核一览表　　单位：hm^2

现状村庄用地面积	搬迁撤并类自然村村庄用地面积	整治后保留自然村村庄用地面积	规划安置区用地面积	整治潜力规模
440.69	419.23	21.46	124.30	294.93

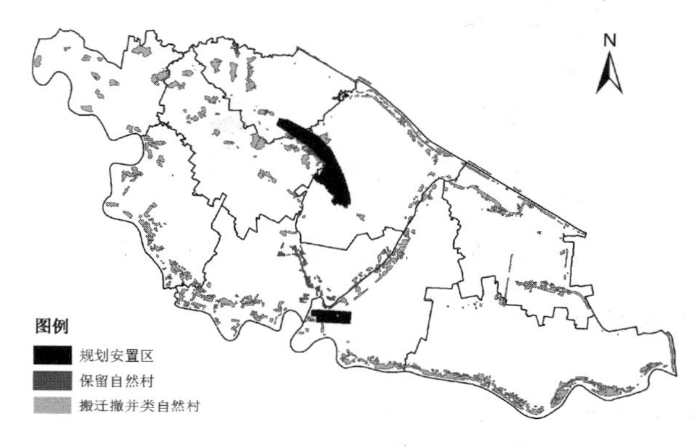

图 6-10　三城镇村庄土地整治空间分析图

6.4.9　张山镇整治校核

根据前述张山镇的自然村分类结果可知，张山镇规划搬迁撤并类自然村共计 74 个。据此，按照上述方法对张山镇 74 个搬迁撤并类自然村进行土地整治校核，结果如表 6-12 和图 6-11 所示。总体来看，张山镇所有自然村的现状村庄用地面积共计 487.17 hm^2，通过整治，张山镇 74 个搬迁撤并类自然村可以腾挪出土地 253.02 hm^2，而保留自然村的村庄用地面积则共有 234.15 hm^2。对于 74 个搬迁撤并类自然村，一部分规划安置在城镇开发边界内，即转为城镇社区，一部分则需要规划新建 12 个农村安置区，共计用地 91.92 hm^2。这样经整治后，张山镇的村庄用地面积将共有 326.07 hm^2，同时，可以实际净增加的用地面积为 161.10 hm^2，即经校核后的张山镇村庄土地整治的潜力规模为 161.10 hm^2。

表 6-12　张山镇村庄土地整治校核一览表　　单位：hm^2

现状村庄用地面积	搬迁撤并类自然村村庄用地面积	整治后保留自然村村庄用地面积	规划安置区用地面积	整治潜力规模
487.17	253.02	234.15	91.92	161.10

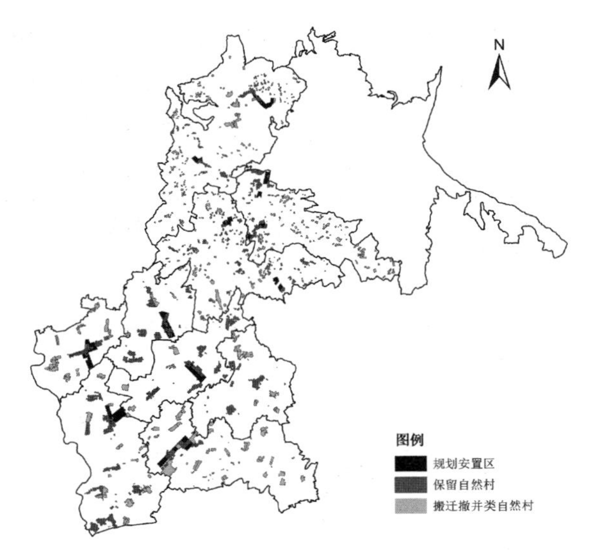

图 6-11　张山镇村庄土地整治空间分析图

6.4.10　舜山镇整治校核

根据前述舜山镇的自然村分类结果可知，舜山镇规划搬迁撤并类自然村共计 79 个。据此，按照上述方法对舜山镇 79 个搬迁撤并类自然村进行土地整治校核，结果如表 6-13 和图 6-12 所示。总体来看，舜山镇所有自然村的现状村庄用地面积共计 674.78 hm^2，通过整治，舜山镇 79 个搬迁撤并类自然村可以腾挪出土地 185.21 hm^2，而保留自然村的村庄用地面积则共有 489.57 hm^2。对于 79 个搬迁撤并类自然村，则需要规划新建 18 个农村安置区，共计用地 79.47 hm^2。这样经整治后，舜山镇的村庄用地面积将共有 569.04 hm^2，同时，可以实际净增加的用地面积为 105.74 hm^2，即经校核后的舜山镇村庄土地整治的潜力规模为 105.74 hm^2。

表 6-13　舜山镇村庄土地整治校核一览表　　单位：hm^2

现状村庄用地面积	搬迁撤并类自然村村庄用地面积	整治后保留自然村村庄用地面积	规划安置区用地面积	整治潜力规模
674.78	185.21	489.57	79.47	105.74

6.4.11　独山镇整治校核

根据前述独山镇的自然村分类结果可知，独山镇规划搬迁撤并类自然村共计 119 个。据此，按照上述方法对独山镇 119 个搬迁撤并类自然村进行土地整治校核，结果如表 6-14 和图 6-13 所示。总体来看，独山镇所有自然村的现状村庄用地面积共计 404.19 hm^2，通过整治，独山镇 119 个搬迁撤并类自然村可以腾挪出土地 211.01 hm^2，而保留自然村的村庄用地面积则共有 193.18 hm^2。对于 119 个搬迁撤并类自然村，一部分规划安置在城镇

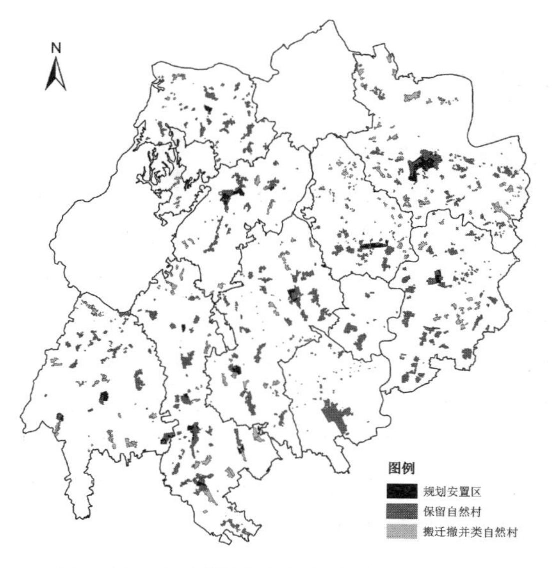

图 6-12　舜山镇村庄土地整治空间分析图

开发边界内，即转为城镇社区，一部分则需要规划新建 10 个农村安置区，共计用地 64.18 hm^2。这样经整治后，独山镇的村庄用地面积将共有 257.36 hm^2，同时，可以实际净增加的用地面积为 146.83 hm^2，即经校核后的独山镇村庄土地整治的潜力规模为 146.83 hm^2。

表 6-14　独山镇村庄土地整治校核一览表　　单位：hm^2

现状村庄用地面积	搬迁撤并类自然村村庄用地面积	整治后保留自然村村庄用地面积	规划安置区用地面积	整治潜力规模
404.19	211.01	193.18	64.18	146.83

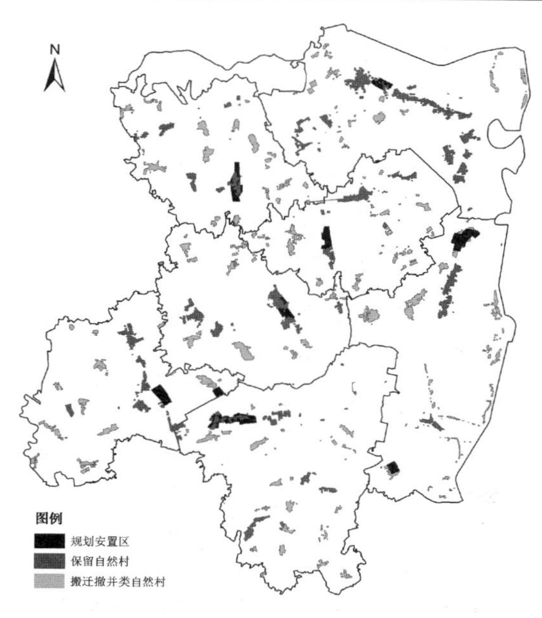

图 6-13　独山镇村庄土地整治空间分析图

6.4.12 杨郢乡整治校核

根据前述杨郢乡的自然村分类结果可知，杨郢乡规划搬迁撤并类自然村共计 24 个。据此，按照上述方法对杨郢乡 24 个搬迁撤并类自然村进行土地整治校核，结果如表 6-15 和图 6-14 所示。总体来看，杨郢乡所有自然村的现状村庄用地面积共计 447.60 hm^2，通过整治，杨郢乡 24 个搬迁撤并类自然村可以腾挪出土地 66.22 hm^2，而保留自然村的村庄用地面积则共有 381.38 hm^2。对于 24 个搬迁撤并类自然村，一部分规划安置在城镇开发边界内，即转为城镇社区，一部分则需要规划新建 13 个农村安置区，共计用地 26.60 hm^2。这样经整治后，杨郢乡的村庄用地面积将共有 407.98 hm^2，同时，可以实际净增加的用地面积为 39.62 hm^2，即经校核后的杨郢乡村庄土地整治的潜力规模为 39.62 hm^2。

表 6-15 杨郢乡村庄土地整治校核一览表 单位：hm^2

现状村庄用地面积	搬迁撤并类自然村村庄用地面积	整治后保留自然村村庄用地面积	规划安置区用地面积	整治潜力规模
447.60	66.22	381.38	26.60	39.62

图 6-14 杨郢乡村庄土地整治空间分析图

综上，对来安县12个乡镇的村庄土地整治结果进行汇总分析，结果如表6-16所示。来安县现状村庄用地面积为8 149.20 hm^2，其中，搬迁撤并类自然村的村庄用地面积共计4 550.77 hm^2，保留自然村的村庄用地面积共计3 598.43 hm^2。为安置搬迁撤并类自然村，来安全县规划布局安置区的总用地面积为1 229.88 hm^2。这样经过整治与安置后，来安县的村庄用地面积将为4 828.31 hm^2，同时，来安县村庄土地整治的潜力规模经实践校核后则为3 320.89 hm^2。

表6-16　来安县村庄土地整治校核一览表　单位：hm^2

乡镇	现状村庄用地面积	搬迁撤并类自然村村庄用地面积	整治后保留自然村村庄用地面积	规划安置区用地面积	整治潜力规模
新安镇	825.59	438.63	386.96	70.87	367.76
汊河镇	748.58	425.37	323.21	23.50	401.87
半塔镇	1 354.17	643.94	710.23	283.19	360.75
水口镇	1 127.20	853.57	273.63	172.17	681.40
大英镇	270.61	172.91	97.70	64.34	108.57
雷官镇	596.87	404.35	192.52	94.70	309.65
施官镇	771.75	477.31	294.44	134.64	342.67
三城镇	440.69	419.23	21.46	124.30	294.93
张山镇	487.17	253.02	234.15	91.92	161.10
舜山镇	674.78	185.21	489.57	79.47	105.74
独山镇	404.19	211.01	193.18	64.18	146.83
杨郢乡	447.60	66.22	381.38	26.60	39.62
合计	8 149.20	4 550.77	3 598.43	1 229.88	3 320.89

根据表6-16可知，水口镇的村庄土地整治的实际潜力规模最大，其值高达681.40 hm^2，远远高于第2位汊河镇的401.87 hm^2。杨郢乡的村庄土地整治的实际潜力规模最小，其值仅为39.62 hm^2，远远低于倒数第2位舜山镇的105.74 hm^2。根据实际得到的村庄土地整治潜力规模，可以将来安县12个乡镇划分为四个梯队，具体如图6-15所示。

根据表6-16和图6-15可知，水口镇为第一梯队，其村庄土地整治的潜力规模最大，并远大于其他乡镇。汊河镇、新安镇、半塔镇、施官镇、雷官镇、三城镇六个镇属于第二梯队，其村庄土地整治的潜力规模较大，其值基本上为300—400 hm^2。张山镇、独山镇、大英镇、舜山镇四个镇则属于第三梯队，其村庄土地整治的潜力规模一般，其值为100—200 hm^2。而杨郢乡则属于第四梯队，其村庄土地整治的潜力规模最小，仅为39.62 hm^2，远低于其他乡镇。

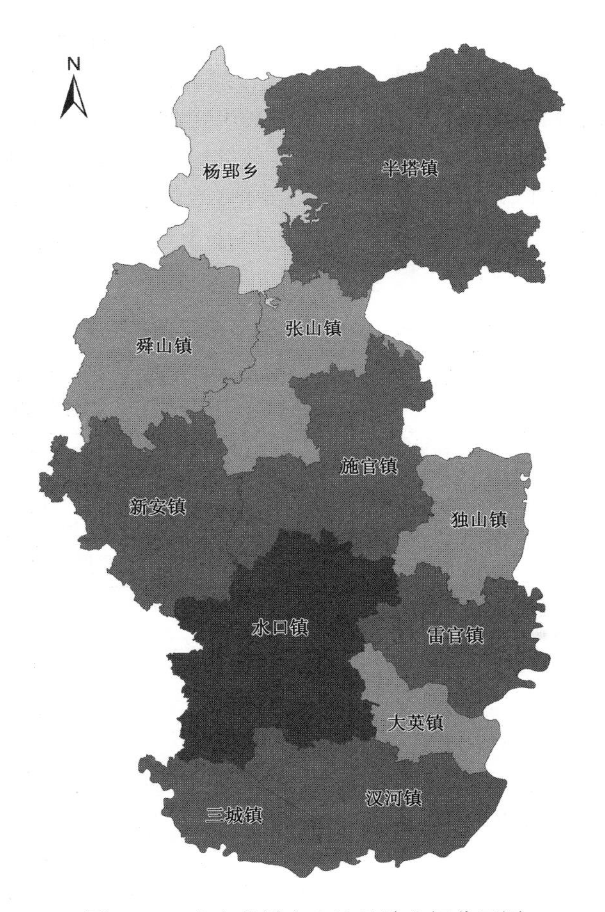

图 6-15　来安县村庄土地整治空间分区图

总体来看，经过实践校核后得到的实际村庄土地整治结果与前述情景分析下的理论整治结果具有较大的差异，这也再次说明理论分析能够提供一个方向和框架，但必须要和实践相结合，必须放到实践中进行校核，必须要建立在村民意愿的基础上。只有这样，才能得到更加符合民意、更加符合客观现状的分析结果，才能为乡村振兴战略的精准实施、为乡村发展建设的决策、为村庄布局的优化提供科学的依据和支撑。

6.5　发展建议

乡村发展评价、分类与整治的根本目的是为乡村振兴战略的全面实施和乡村在地振兴提供科学的决策依据，进而为全面实现乡村的持续、健康、协调发展奠定基础，简而言之就是为了乡村更好、更全面地发展。基于此，在完成来安县乡村发展评价、分类与整治的基础上，本节特提出以下发展建议，由此培育来安县乡村内生发展的强劲动力，进而让其在经济、社会、生态等多层面、多角度实现乡村的在地振兴：

6.5.1 总体建议

(1) 依法依规进行村庄土地整治

来安县村庄土地整治工作要严格按照国家和安徽省的相关政策文件来进行，要充分挖掘来安县农村土地资源的潜力，从而为来安县的乡村振兴和全县的经济社会高质量发展夯实国土空间基础。来安县要认真贯彻落实《中华人民共和国土地管理法》《中华人民共和国物权法》《中华人民共和国城乡规划法》《不动产登记暂行条例》，切实保护农民合法财产权益，深入推进乡村振兴和美好乡村建设。在具体的政策措施上，来安县应根据《中央农村工作领导小组办公室　农业农村部关于进一步加强农村宅基地管理的通知》《农业农村部　自然资源部关于规范农村宅基地审批管理的通知》《自然资源部　农业农村部关于农村乱占耕地建房"八不准"的通知》《安徽省农业农村厅　安徽省自然资源厅关于进一步加强农村宅基地管理的实施意见》等国家和安徽省的相关政策文件精神，制订和完善《来安县农村宅基地审批管理暂行办法》《来安县关于推进农村宅基地及住房确权登记工作实施方案》等政策措施，进一步为全县的农村宅基地管理和村庄土地整治工作奠定基础和依据。

(2) 加强宣传教育与组织领导

在具体实施上，来安县可在乡镇、村发放"农村宅基地和建房审批手续办理告知书""八不准""农村宅基地申请指南"等宣传单，帮助村民提高遵守法律法规的意识。通过宣传和教育，要在理念和实践上严格实行"一户一宅"，既要贯彻落实安徽省宅基地的面积标准，又要保护村民的合法合理用地需求，让村民正确认识到要在规划范围内、手续齐全、符合要求的基础上规范建房，从源头上杜绝乱占耕地建房问题。

来安县政府要高度重视，以全面推进乡村振兴为目标，切实加强组织领导，形成县政府主导、自然资源和农业农村部门搭建平台、相关部门各司其职并协调联动的乡村发展工作机制。特别是自然资源部门要会同相关部门根据职能分工，落实责任，通力合作，准确把握各项工作要求，加强全程指导和有效监管，严格规范增减挂钩试点并切实做好农村土地整治工作。同时，来安县各个乡镇可以尝试建立以乡镇主要领导为组长，以分管宅基地的领导为副组长，自然资源、农业农村、住房和城乡建设、财政等部门负责人为成员的联审联批工作小组或办公室，负责本辖区农村宅基地建房申请的联审、联批工作，实行农村宅基地审查报批一站式服务。村两委指定专人兼任宅基地协管员，实行包保落实监管责任，及时掌握本村农户建房动态，确保第一时间发现违法建设、第一时间进行制止并报告。

(3) 突出村民在乡村发展中的主体性

村民是乡村发展、乡村振兴战略的主体，既是参与者也是受益者，在乡村发展中处于核心地位。因此，乡村分类与整治要坚持村民的主体地位，要在充分尊重、吸取村民的意见和意愿的基础上有序进行。要调动村民参与乡村发展建设、实现乡村振兴的积极性、主动性和创造性，赋予村民更多的决策权和参与权，不断深化村民在发展建设过程中的责任感，形成合力，为乡村发展夯实民意、民心基础。在事关乡村发展未来的搬迁撤并问题上，要保护村民的根本利益，严禁一刀切、运动式地让村民“上楼”，严格规范村庄撤并，严禁违背村民意愿、违反法定程序撤并村庄。

要进一步加强和完善乡村帮扶政策，支持村民就地创业创新，同时结合来安县实际，建立健全有利于村民收入稳定增长的机制和政策体系。鼓励支持村民拓宽增收渠道，促进村民就业和增收，增加幸福感与获得感，进而增强村民的认同感和归属感。来安县要进一步采取措施来支持农村集体经济组织的发展，为本集体成员提供生产、生活服务，切实保障成员从集体经营收入中获得收益分配的权利。要支持来安县的农民专业合作社、家庭农场、涉农企业、电子商务企业、农业专业化社会化服务组织等通过多种灵活的机制、方式与村民建立牢固、可靠的利益联结体系与机制，让村民有机融入现代产业链的发展过程中，从而实现就业和增收，进一步增强作为现代新型农民的自豪感与荣誉感。

(4) 构建国土空间规划体系

以当前国土空间规划体系为根本框架，来安县要加快完善和构建县、乡镇、村庄三级国土空间规划体系。要高度重视村庄规划的重要地位和意义，村庄规划是国土空间规划新时代背景下的法定规划，是国土空间规划体系中乡村地区的详细规划，是开展国土空间开发保护活动、实施国土空间用途管制、核发乡村建设项目规划许可、进行各项建设等的法定依据。从乡村振兴的角度来看，村庄规划是实施乡村振兴战略的基础性工作，对于理清村庄发展思路，统筹安排各类资源，优化乡村地区生产、生活和生态空间，保障农民合法权益，引导城镇基础设施和公共服务向农村延伸，推进乡村地区治理体系和治理能力现代化，促进乡村振兴均具有重要意义。

来安县要按照国家、安徽省的部署和要求，稳步推进村庄规划编制工作。在开展村庄规划编制时，要坚持多规合一，要符合上位规划要求，并与相关专项规划相衔接。要坚持生态保护优先，集约节约资源，促进绿色发展和高质量发展。要坚持以村民为中心，强化公众参与，充分发挥村民主体作用，充分尊重村民意愿和村民诉求，保障村民决策权、参与权和监督权，保障村民权益，满足村民对美好生活的向往。要坚持尊重自然，传承历史文化，突出乡村风貌和地域特色。要坚持立足实际，因地制宜，分类编制，详略得当。在村庄规划编制的成果里要有村民调查问卷，村民参与规划记录材料，村民自治委员会审议意见，村民会议或村民代表会议讨论通过的决议等基础材料。最后，规划成果表达要简便易懂，要力求做到能用、管用与好用，要加强村庄规划成果的宣传教育，让村民了解规划的主要成果，让村民知晓本村的发展方向和发展内容，增强村民在村庄规划实施中的主人翁意识和责任。

(5) 夯实乡村产业发展体系

产业是乡村振兴的基础，是乡村发展建设的根本，没有产业支撑的乡村显然不能实现可持续发展。来安县具有较好的乡村产业发展基础，在当前乡村振兴的时代背景下，要进一步理顺并夯实乡村产业发展体系。在产业发展的总体思路和方向上，来安县要坚持以农村、农民为主体，以乡村优势特色资源为依托，推动乡村三次产业融合发展，加快建立具有来安县地域特色的现代乡村产业体系。

建议来安县打造三大基本农业生产片区，由此形成来安县现代农业发展的基本框架。三大基本农业生产片区为县域北部片区、县域中部片区和县域南部片区。其中，北部片区包括半塔镇、杨郢乡和舜山镇。半塔镇大力发展休闲生态特色农业，以葡萄、百合、油桃、地瓜、紫薯和山核桃等特色农产品种植和畜禽养殖为主；杨郢乡以种植业、畜牧养殖业为主；舜山镇以特色山芋、优质葡萄、林果、茶叶和水产养殖为主，打造县域北部蔬菜瓜果农业生产片区。中部片区包括新安镇、张山镇、施官镇、雷官镇、独山镇。新安镇重点发展生态农业；张山镇积极培育优势农林产业；施官镇则重点发展特色农业、休闲观光农业，扩大特色冬桃种植规模，打造围绕冬桃产业的农业产业链；雷官镇积极发展生态农业、特色农业，打造雷官镇蔬菜品牌；独山镇稳步扩大粮油生产规模，加快现代种植业和养殖业发展，打造农副产品供应地。南部片区包括水口镇、大英镇、汊河镇和三城镇。水口镇重点发展优质稻米和莲藕等常规经济作物；大英镇依托水稻、油料、莲藕等粮食及经济作物，拓宽、延伸农业发展领域；汊河镇以发展特色农业为主，打造现代优质特色农业示范基地；三城镇依托优质粮油、有机稻米、有机蔬菜及现代畜禽养殖等资源，建设有机粮油生产基地和现代畜禽养殖示范区。

6.5.2 分类建议

在具体的整治和发展措施上，应根据集聚提升类、城郊融合类、特色保护类、搬迁撤并类四类不同类型的村庄进行有针对性的整治和发展。要根据四类村庄的发展现状、发展条件、发展特点，明确村庄整治和发展的主导方向与主要内容，由此实现分类施策、精准整治和全面发展。建议集聚提升类村庄要突出发展方向和路径，加大人居环境改善力度，激活乡村产业发展，全面实现乡村在地振兴。城郊融合类村庄要重点考虑城乡产业的融合发展、基础设施的互联互通和公共服务设施的共建共享，为城乡一体化发展夯实基础。特色保护类村庄应重点保护村庄特色资源以及要素、实体的真实性、完整性和延续性，在保护的基础上实现乡村的持续特色发展。搬迁撤并类村庄应严格落实国家关于村庄搬迁撤并工作的政策措施，要进一步征求村庄、村民的意愿，确保搬迁撤并工作合法合理、符合民意。

（1）集聚提升类村庄

集聚提升类村庄的特点在于其发展基础和发展潜力较好，一般都具有较好的交通区位条件，同时，资源禀赋较丰富，乡村产业实力较强。这些特点和优势使这类村庄有可能成为乡村振兴战略实施的样本和示范，因此，集聚提升类村庄的整治与发展应紧密服务于继续提升村庄发展水平和实力这一根本目标。

首先，要科学谋划村庄空间发展与管控，要严格按照“一户一宅”的要求和安徽省农村宅基地面积标准对现状进行对标检查，梳理问题清单，建立整治台账，安排好整治时间节点，由此在总体上建立整治工作机制。其次，要做好“集聚”这个关键工作。要积极吸引周边搬迁撤并类村庄的人口，引导村庄规模的集约化扩张。要充分挖掘并利用好村庄内部现有建设用地的潜力，完善并提高现有公共服务设施和基础设施的利用效率和水平，在集聚的基础上做好公共配套与服务。最后，要进一步凝练“提升”这个根本目标。集聚提升类村庄的关键在集聚，目标在提升，由此才能成为引领乡村振兴发展的排头兵。通过村庄土地整治来实现两个方面的提升和发展：一是为产业提升腾挪出更多的空间，确保产业发展的用地需求，持续带动村庄经济发展；二是为村庄环境提升提供更多的公共空间，改善村庄广场、道路、学校等的环境，为打造绿色、整洁、宜居的村庄夯实基础。

（2）城郊融合类村庄

城郊融合类村庄位于城镇近郊区或者城镇开发边界内，是来安县新型城镇化发展、村民市民化的优先和重点地区，有条件、有可能成为城镇的后花园与后院，当条件成熟时可以转化为城镇社区。该类村庄整治与发展的关键在于以下三点：

首先，位于来安县城中心城区近郊区、乡镇周边或开发边界内的该类村庄，建议不再扩大村庄用地规模，而应将重点放在与城镇的一体化发展方面。具体而言，要加快实现基础设施的互联互通和公共服务的共建共享，要突出村庄的服务功能和配套功能，提升村庄内部基础设施及公共服务设施的水平，逐步增强承接城镇的功能与产业转移，实现城乡融合与一体化发展。其次，对于内部的土地整治，一是要对照标准来整治宅基地，优先解决一户多宅、面积超标等突出问题，为村庄发展腾挪出空间；二是允许村民在不扩大用地的前提下，改造现有住宅、设施，为优化村庄内部的用地布局奠定基础。最后，要充分利用该类村庄较为优越的交通区位条件，对于整治后的富余土地，制定相应的鼓励和支持政策，优先将其用于发展乡村产业、建设各类公共设施，为实现城乡一体化发展夯实基础。

（3）特色保护类村庄

特色保护类村庄的首要与核心任务在于保护与传承特色资源和要素，包括历史文化、传统乡土文化、特色风景旅游资源、非物质文化要素等，是彰显和传承来安县域特色的重要物质空间和载体。对于特色保护类村庄，其整治发展的核心在于实现保护与发展的有机统一，从而实现在保护中发展的根本目标。

首先，要以保护为基础，在系统保护的框架下有序开展整治工作，原则上不再扩大村庄现有用地规模。同时，对于违反农村宅基地的问题也要逐一摸清，制订整治清单，通过整治为村庄发展腾挪出空间。其次，对于整治后的富余土地，优先将其用于建设公共配套设施和基础设施、发展特色休闲观光与文化旅游业，把特色资源优势转化为特色产业优势，实现保护与发展的协调共生和互促共融。最后，在整治与发展的过程中，要注意维护和传承既有的空间格局和风貌特色，对于新建、改建和改造等建设活动，要坚持“修旧如旧，建新如旧”的基本原则，由此确保特色风貌体系的完整性和原真性。例如，历史文化村庄要以保持传统历史文化风貌为目标，旅游观光开发活动要彰显历史风貌的体验感。特别是半塔镇的革命文物，其不仅是来安县的重要特色资源，而且是弘扬革命传统和革命文化、激发爱国热情、振奋民族精神的生动教材，要全面加强保护利用，要用好红色资源、传承好红色基因，从而把革命文物保护好、管理好和运用好。

（4）搬迁撤并类村庄

搬迁撤并类村庄是村庄土地整治的重点地区，其要么位于生态环境恶劣的地区，要么人口流失严重，再或者是因重大项目建设占用而需要搬迁撤并。该类村庄不再编制村庄规划，要严格限制各类开发建设活动，不再进行村庄住宅建设或公共配套设施建设，鼓励进行生态保护与修复、建设用地增减挂钩、土地复垦、工矿废弃地复垦、地质灾害区综合治理等项目安排和生态公益林建设。要在尊重民意的基础上，以城乡建设用地增减挂钩等形式复垦整治，也可以在退宅还林或整理后作为建设用地。要通过货币补偿、房屋置换等方式合理安排村民，应分期、分批进行搬迁安置与合并集中，优先向城镇、集聚提升类村庄进行安置。

6.6 小结

本章仍以安徽省来安县为案例研究区，具体应用了本书所构建的农村居民点宅基地整治策略和方法，对来安县的农村宅基地进行了整治潜力测算和整治区域划分，同时给出了近期整治的重点村以及经过实践校核后的土地整治结果。本章构建了基于“现状分析—整治潜力—整治区域—近期整治—实践校核”的乡村土地整治的策略体系，既为来安县乡村振兴、城乡发展建设过程中的土地资源节约集约利用提供了路径和方向，也为相关研究和实践提供了参考和借鉴。

第一，根据来安县农业普查数据和农村土地利用调查数据，对来安县12个乡镇的农村宅基地面积、农村户数进行了统计分析，计算了每个乡镇的户均宅基地面积。

第二，按照安徽省农村宅基地面积标准和要求，利用情景分析法，设置了四种情景模式，分别测算了不同情景模式下的来安县农村宅基地整治潜力规模，从而在总体上对来安县的宅基地整治效果有了明确的认识和把握。

第三，通过设置户均宅基地面积、整治潜力规模、乡村发展综合指数三个约束条件，将来安县12个乡镇划分为三类农村宅基地整治区域，即一般整治区域、较重点整治区域和重点整治区域，由此在县域层面上明确了来安县农村宅基地整治工作的优先次序。

第四，在重点整治区域内的5个乡镇中，以行政村乡村发展综合指数为依据，遴选出需近期整治的25个重点村庄，从而为近期来安县农村宅基地整治工作的优先开展提供了明确的方向和路径。

第五，结合来安县村庄分类的校核结果，在对来安县农村宅基地整治进行理论分析和测算的基础上，进一步对来安县的村庄土地整治进行了实践校核，由此测算出来安县各个乡镇通过村庄土地整治而得到的实际潜力规模，同时，对各个乡镇搬迁撤并类自然村的安置情况也进行了测算和分析。

第六，在前述研究的基础上，对来安县的乡村发展提出了建议，包括总体建议和分类建议。总体建议包括政策措施、宣传领导、村民地位、村庄规划、产业发展等方面，分类建议则从集聚提升类、城郊融合类、特色保护类、搬迁撤并类四类村庄的角度提出了针对性的发展建议。

综上，本章紧扣农村宅基地整治这一当前中国农村土地整治的重点领域，严格按照安徽省的相关标准和要求，在系统梳理来安县农村宅基地使用现状的基础上，瞄准“面积超标，粗放利用”这个关键环节，对全县的农村宅基地整治潜力进行了详细的理论测算。同时，紧密结合来安县乡村发展评价的结果，以评价得到的乡村发展综合指数为基本约束，将其有机统一到整治区域划分研究中，从而在理论上给出了来安县农村宅基地整治的区域划分和近期整治的重点村。最后，在宅基地整治分析的基础上，进一步将研究视角扩大到村庄土地整治的范畴，由此得到了来安县村庄土地整治的实际潜力规模和规划安置结果，这不仅能为来安县农村土地整治工作提供科学的决策依据，而且能为其他地区的土地整治研究和实践提供参考和借鉴。

7 结束语

乡村振兴战略是党和国家做出的一项重大决策，其为在新时代促进农业全面升级、农村全面进步、农民全面发展，加快农业农村现代化指明了方向和路线。在乡村振兴战略的全面实施这一重大时代背景下，本书从乡村在地振兴的视角出发，以乡村发展评价、分类与整治为研究命题，针对“评价、分类、整治”这一关键脉络，深入探讨了乡村发展评价、分类与整治的思路、方法和策略，由此初步构建了一套相对系统的技术方法体系，以期能为乡村振兴战略的实施、乡村在地振兴和村庄规划布局提供一定的参考和借鉴。同时，以安徽省休宁县、来安县为案例研究区，全面应用了本书所构建的乡村发展评价、分类与整治的方法和策略，完成了休宁县和来安县的乡村发展综合评价，进而在此基础上划分了来安县的村庄类型，测算了不同情景模式下的来安县农村宅基地整治的潜力规模，同时还对整治区域进行了不同等级的划分，并给出了近期需要优先整治的村庄以及经实践校核后的村庄土地整治结果，由此全面完成了乡村发展评价、分类与整治的实证应用研究。本书可为休宁县、来安县的乡村在地振兴提供坚实的决策支撑，也能为其他地区的乡村发展研究和实践提供参考。

7.1 总结

(1) 系统梳理了国家近年来出台的相关政策

在乡村振兴的时代背景下，从村庄类型划分、村庄规划布局、村庄土地整治三大方面对近年来国家出台的有关政策文件进行了全面梳理、总结和分析，由此明确了乡村发展评价、乡村分类与乡村整治的内涵和任务及其之间的逻辑关系，从而为构建乡村发展评价、分类与整治的技术方法和策略体系奠定了理论和实践基础。

(2) 初步构建了乡村发展评价、分类与整治的技术方法和策略体系

遵循“乡村发展评价—乡村分类—乡村整治”的研究脉络，初步构建了相应的技术方法和策略体系。首先，在乡村发展评价上，针对乡村这一地域复合系统的特点，利用基于 GIS 的多准则决策技术，从指标体系、指标分值、指标权重、指标合并等方面构建了一个系统的定量评价方法体系。在

指标体系上，采用多层次的指标体系构建方法；在指标分值上，采用极差标准化进行指标赋值；在指标权重上，采用主客观组合赋权法，除了利用传统的排序法、层次分析法进行主观赋权外，还应用了基于信息论熵权的客观赋权法；在指标合并上，可以采用线性加权和法、投影寻踪方法进行指标的综合集成处理，从而得到乡村发展评价的综合指数。

其次，在乡村分类上，构建了基于“行政村—自然村”的两级分类方法体系，提出了理论分类与实践校核有机统一的技术路径，由此确保村庄分类能充分尊重村民、吸收村民的意见和意愿，从而体现了村民的主体地位与核心作用。具体来说，在行政村分类上，根据集聚提升类、城郊融合类、特色保护类、搬迁撤并类四类村庄的内涵和特点，可以首先将特色保护类的村庄划分出来；然后再紧密结合乡村发展评价的结果，根据乡村发展综合指数的大小和区间分布情况，将搬迁撤并类、城郊融合类和集聚提升类的村庄逐一划分出来，由此完成行政村的理论分类。在此基础上，通过现场调研来充分征求部门、村庄、村民的意见和意愿，并根据合理的意见和建议对理论分类进行校核，从而得到最终的行政村分类结果。在自然村分类上，根据校核后的行政村分类结果，在系统梳理和统计分析自然村发展现状的基础上，结合村庄、村民的意见和意愿，完成自然村的分类。

最后，在乡村土地整治上，本书聚焦农村宅基地整治这一关键领域，构建了基于“现状分析—整治潜力—整治区域—近期整治—实践校核”的农村宅基地和土地的整治策略体系。现状分析的目的在于计算现状户均宅基地的面积，当面积超过国家和地方的宅基地面积标准时，就可以测算整治的潜力规模，即可以节约出来的土地资源。在整治区域划分上，通过户均宅基地面积、整治潜力规模、乡村发展综合指数三个约束条件，可以将研究区划分为不同等级的整治区域，由此明确整治工作开展的先后次序。进一步来看，从重点整治的区域中，利用乡村发展综合指数作为约束条件，可以得到近期农村宅基地整治的重点村庄，由此为近期整治工作明确方向和目标。最后，在前述理论研究的基础上，结合村庄分类的校核结果，以搬迁撤并类自然村为实际整治对象，计算得到了实际的乡村土地整治潜力规模，由此完成了乡村土地整治的实践校核。

（3）以休宁县、来安县为案例进行了系统的实证应用研究

根据上述乡村发展评价、分类与整治的技术方法和策略体系，以休宁县、来安县为案例进行了实证应用研究。在休宁县乡村发展评价上，基于多准则决策方法，构建了包括目标层、准则层和指标层在内的指标体系，在自然条件、经济社会和基础支撑三大准则的框架下，具体选择了高程、坡度、人口规模等 9 个评价指标。此后，按照指标分值、指标权重、指标综合的传统技术路径，应用线性加权和法计算得到了休宁县的乡村发展综合指数，进而根据乡村发展综合指数的大小和区间分布情况，将休宁县乡村发展划分为高水平区、较高水平区、中水平区、较低水平区和低水平区，同时对其空间格局特点进行了梳理和分析。

在来安县乡村发展评价上，基于多准则决策方法，构建了包括目标层、约束层、准则层、指标层在内的综合评价指标体系，从资源环境和经济社会两大约束出发，在自然环境、资源禀赋、发展规模、交通区位、经济发展、公共设施六大准则的框架下，具体选择了 15 个评价指标。与休宁县乡村发展评价相比，来安县的评价指标体系更为复杂，指标数量更多，而传统的技术方法面临反复计算权重的困难。因此，本书应用了现代投影寻踪分析技术和方法，有效克服了传统方法在处理高维指标数据上的不足，由此对来安县乡村发展实现了科学、客观、系统的综合评价。评价结果显示，来安县乡村发展综合指数的最大值为 2.646 1，最小值为 0.162 3，平均值为 0.764 0，来安县乡村发展存在较显著的差异性和不平衡性。根据乡村发展综合指数的大小和区间分布情况，将来安县乡村发展划分为高水平区、较高水平区、中水平区、较低水平区和低水平区，进而将来安县所有乡镇的乡村发展水平划分为高水平、中水平和低水平三大梯队，同时对乡村发展的空间格局特点进行了系统分析。

需指出的是，休宁县、来安县的乡村发展评价实证研究，其目的在于全面展示基于传统的线性加权和的评价方法与基于现代投影寻踪分析技术的评价方法的区别和差异，由此为决策者提供两种不同的评价技术路径以供选择。当然，两种方法不能简单地说孰优孰劣，正确的理解应该是两者各自有不同的适用范围和情景。简而言之，当评价指标体系的指标数量较多、指标层次更为复杂时，可以尝试优先使用投影寻踪方法，这样可以避免反复进行指标权重计算的问题；而当指标体系的指标数量相对较少、指标层级相对简单时，传统的线性加权和法仍将是一个可靠的技术路径选择。

在来安县乡村分类上，首先基于来安县乡村发展评价结果，从理论上把 130 个行政村划分为集聚提升类、城郊融合类、特色保护类和搬迁撤并类四类村庄。其中，集聚提升类有 65 个行政村，城郊融合类有 30 个行政村，特色保护类有 13 个行政村，搬迁撤并类有 22 个行政村。经实践校核后，集聚提升类有 81 个行政村，城郊融合类有 26 个行政村，特色保护类有 7 个行政村，搬迁撤并类有 16 个行政村。在此基础上，对来安县 2 541 个自然村也进行了分类，其中，集聚提升类有 698 个自然村，城郊融合类有 90 个自然村，特色保护类有 23 个自然村，搬迁撤并类有 1 730 个自然村。

在来安县乡村土地整治上，现状分析表明来安县农村宅基地使用存在明显的面积超标问题。全县户均农村宅基地面积为 738.468 5 m^2，远超安徽省的农村宅基地面积标准。整治潜力测算表明，按照 160 m^2/户、220 m^2/户、300 m^2/户、369.234 3 m^2/户的情景设置，来安县通过宅基地整治在理论上分别可以节约土地 6 001.21 hm^2、5 378.75 hm^2、4 548.80 hm^2 和 3 830.55 hm^2。在整治区域上，利用户均宅基地面积、整治潜力规模、乡村发展综合指数三个约束条件，将来安县划分为一般整治区域、较重点整治区域和重点整治区域。在重点整治区域内，利用乡村发展综合指数遴选出 25 个近期宅基地整治的重点村，由此为来安县农村宅基地整治工作提供明确的方向和路径。进一步来看，在宅基地整治分析的基础上，结合来安县自然村的分类结果，以搬迁撤并类自然村的土地整治为分析对象，具体测算了来安县通过村庄土地整治而得到的实际潜力规模，同时，对各个乡镇搬迁撤并类自然村的安置情况也进行了测算、分析和规划布局。

在来安县乡村发展建议上，从总体和分类两大方面提出了针对性的建议和措施。在总体层面上，包括依法依规进行村庄土地整治、加强宣传教育与组织领导、突出村民在乡村发展中的主体性、构建国土空间规划体系、夯实乡村产业发展体系五大建议。在分类层面上，则从集聚提升类、城郊融合类、特色保护类、搬迁撤并类四类村庄的特点出发，结合来安县的乡村发展实际，提出了针对性的建议和措施。

7.2 展望

同城市一样，乡村也是一个“人—地”矛盾运动的复合体，是城市建成区以外具有自然、社会、经济特征和生产、生活、生态、文化等多重功能的地域综合体。在乡村振兴战略全面实施的时代背景下，乡村发展评价、分类与整治研究是一项较新的研究命题和实践工作，虽然当前国内对此的研究和实践正处于向纵深方向发展的过渡阶段，但仍未形成一套统一的技术方法体系，还有许多问题需要进一步探讨。本书虽然在乡村发展评价、分类与整治研究上取得了一些成效，初步构建了相应的技术方法和策略体系，但由于研究问题的复杂性、笔者研究能力的有限性，研究成果仍需要实践的检验，未来仍可以在以下方面进行深入探索和发展完善：

首先，乡村发展评价指标体系仍需进一步分析和完善，从而获得更全面、更客观的评价结果。中国国土面积广阔，区域差异明显，不能“一刀切”而采取全部一样的评价指标，因此，因地制宜、以县级行政区为单位做到评价指标的统一应较为可行。此外，虽然各个地区的具体评价指标可以不一致，但从乡村振兴的视角出发，建议在准则层上应明确标准，从而更好地指导评价。

其次，乡村分类仍需进一步优化与完善。例如，特色保护类的标准仍要进一步探讨明确，既不能面面俱到地都保护，也不能一味保护而不发展，如何做到发展与保护的统一是该类村庄的重点和难点。又如，搬迁撤并类村庄是社会关注的焦点，涉及方方面面的利益，在决定一个村庄是否为搬迁撤并类时，坚持村民主体地位、充分尊重村民意愿是必须要坚守的底线，但在实践操作中，如何实现这一目标仍需要深入探讨。

最后，实践应用仍需加强。随着乡村振兴战略的全面深入推进，乡村发展评价、分类与整治工作将成为常态。但作为一个新课题，特别是在理论方法上仍需完善的新课题，实践的重要性不言而喻。只有通过实践才能检验理论方法的适应性、可行性和精确性，才能进一步发现问题进而解决问题，由此推动乡村发展评价、分类与整治的理论方法体系得到丰富和完善，最终为乡村振兴战略的实施、乡村发展建设、村庄规划布局提供科学的决策依据。

尽管存在不足，但乡村发展评价、分类与整治作为乡村振兴研究和实践的一个重要基础性内容，仍处于积极探索和不断完善的阶段。本书尝试从乡村在地振兴的视角构建了乡村发展评价、分类与整治的方法和策略体系，以期为相关研究和实践提供参考和借鉴。相信随着理论方法研究和实践应用的深入开展，乡村发展评价、分类与整治的技术方法体系和应用范式将逐步得到建立、发展和完善，由此为全面实现乡村振兴与可持续发展发挥更加科学的决策支持作用。

最后，需要说明的是，本书是乡村发展研究和实践上的一次探索和尝试，所提出的观点和方法仅是笔者的思考和一家之言，难免会有不当之处，恳请读者批评指正。尽管存在种种不足，但笔者仍希望本书可为乡村发展理论方法研究和实践应用提供一些参考。此外，本书参考和借鉴了许多专家、学者的研究成果，在此致以衷心感谢！本书虽然对参考和借鉴的研究成果基本上做到了引用标注，但可能仍有一些没能在参考文献中一一列出，疏漏之处敬请谅解。

参考文献

· 中文文献 ·

陈秧分，黄修杰，王丽娟. 多功能理论视角下的中国乡村振兴与评估[J]. 中国农业资源与区划，2018，39(6)：201-209.

程建权. 城市系统工程[M]. 武汉：武汉测绘科技大学出版社，1999.

杜春兰，贾刘耀，林立揩. 山地城镇在地景观研究：缘起、发展与展望[J]. 中国园林，2020，36(12)：6-12.

鄂施璇，雷国平，宋戈. 黑龙江省粮食主产区农村居民点布局调整研究[J]. 中国土地科学，2015，29(10)：80-84.

范少言，赵玉龙. 村域尺度乡村发展水平评价及特征：以甘肃环县为例[J]. 开发研究，2018(1)：51-55.

郭晓东，马利邦，张启媛. 基于GIS的秦安县乡村聚落空间演变特征及其驱动机制研究[J]. 经济地理，2012，32(7)：56-62.

郭晓鸣，张克俊，虞洪，等. 乡村振兴的战略内涵与政策建议[J]. 当代县域经济，2018(2)：12-17.

郭亚军. 综合评价理论与方法[M]. 北京：科学出版社，2002.

韩颂，贾扬帆，韩京辛. 乡村发展水平评价：以汉中市为例[J]. 农村经济与科技，2020，31(15)：301-304，332.

何杰，金晓斌，梁鑫源，等. 城乡融合背景下淮海经济区乡村发展潜力：以苏北地区为例[J]. 自然资源学报，2020，35(8)：1940-1957.

何仁伟. 城乡融合与乡村振兴：理论探讨、机理阐释与实现路径[J]. 地理研究，2018，37(11)：2127-2140.

黄静仪. 在地文化元素在景观设计中的体现与运用[J]. 城市住宅，2020，27(12)：162-163.

黄杏元，马劲松，汤勤. 地理信息系统概论[M]. 修订版. 北京：高等教育出版社，2001.

金菊良，魏一鸣. 复杂系统广义智能评价方法与应用[M]. 北京：科学出版社，2008.

孔敏婕，李同昇，杨华，等. 乡村振兴背景下秦巴山区农村居民点整理潜力与分区研究：以陕西省山阳县为例[J]. 西北大学学报(自然科学版)，2019，49(5)：781-790.

孔雪松，朱芷晴，刘殿锋. 江苏省乡村聚落演化的多尺度特征与空间关联性分析[J]. 农业工程学报，2020，36(12)：247-256.

李世泰，孙峰华. 农村城镇化发展动力机制的探讨[J]. 经济地理，2006，26(5)：815-818.

李小荣，杨海娟，何艳芬，等. 陕西省县域乡村发展类型及乡村性评价[J]. 山东农业大学学报(自然科学版)，2016，47(2)：225-230.

李孝坤，李忠峰，翁才银，等. 县域乡村发展类型划分与乡村性评价：以重庆三峡库区生态经济区为例[J]. 重庆师范大学学报(自然科学版),2013,30(1):42-47.
李裕瑞,卜长利,曹智,等. 面向乡村振兴战略的村庄分类方法与实证研究[J]. 自然资源学报,2020,35(2):243-256.
刘春芳,张志英. 从城乡一体化到城乡融合:新型城乡关系的思考[J]. 地理科学,2018,38(10):1624-1633.
刘晶,金晓斌,范业婷,等. 基于"城—村—地"三维视角的农村居民点整理策略:以江苏省新沂市为例[J]. 地理研究,2018,37(4):678-694.
刘明香,关欣,徐邹华,等. 土地综合整治背景下的农村居民点整理潜力分析与评价:以花垣县为例[J]. 中国农学通报,2013,29(29):103-106.
刘彦随. 中国新时代城乡融合与乡村振兴[J]. 地理学报,2018,73(4):637-650.
刘永,郭怀成,王丽婧,等. 环境规划中情景分析方法及应用研究[J]. 环境科学研究,2005,18(3):82-87.
刘玉,刘彦随,郭丽英. 环渤海地区农村居民点用地整理分区及其整治策略[J]. 农业工程学报,2011,27(6):306-312.
龙冬平,李同昇,于正松,等. 基于微观视角的乡村发展水平评价及机理分析:以城乡统筹示范区陕西省高陵县为例[J]. 经济地理,2013,33(11):115-121.
罗静,蒋亮,罗名海,等. 武汉市新城区乡村发展水平评价及规模等级结构研究[J]. 地理科学进展,2019,38(9):1370-1381.
马立平. 统计数据标准化:无量纲化方法:现代统计分析方法的学与用(三)[J]. 北京统计,2000(3):34-35.
孟欢欢,李同昇,于正松,等.安徽省乡村发展类型及乡村性空间分异研究[J]. 经济地理,2013,33(4):144-148.
乔家君.中国乡村社区空间论[M]. 北京:科学出版社,2011.
曲衍波,张凤荣,姜广辉,等. 农村居民点用地整理潜力与"挂钩"分区研究[J]. 资源科学,2011,33(1):134-142.
舒波,张阳,张睿智,等. 基于在地性的彝族地区城市设计策略初探:以喜德县城市更新为例[J]. 华中建筑,2021,39(4):67-71.
孙玉,程叶青,张平宇. 东北地区乡村性评价及时空分异[J]. 地理研究,2015,34(10):1864-1874.
汤国安,杨昕. ArcGIS 地理信息系统空间分析实验教程[M]. 北京:科学出版社,2006.
王富喜. 山东省新农村建设与农村发展水平评价[J]. 经济地理,2009,29(10):1710-1715.
王万茂. 土地利用规划学[M]. 北京:科学出版社,2006.
王阳,王占岐,陈媛. 基于 Topsis 和矩阵法的山区农村居民点整治时序分区研究[J]. 水土保持研究,2015,22(6):324-330,334.
王扬,翟腾腾,尹登玉. 乡村振兴背景下空心村土地整治潜力评价:以山东省五莲县为例[J]. 水土保持通报,2019,39(2):288-292.
文琦,郑殿元,施琳娜. 1949—2019年中国乡村振兴主题演化过程与研究展望[J]. 地理科学进展,2019,38(9):1272-1281.
习近平. 决胜全面建成小康社会　夺取新时代中国特色社会主义伟大胜利:在中国共产党第十九次全国代表大会上的报告[M]. 北京:人民出版社,2017.
徐腊梅,马树才,李亮. 我国乡村发展水平测度及空间关联格局分析:基于乡村振兴视角[J]. 广东农业科学,2018,45(9):142-150.
杨绪红,吴晓莉,范渊,等. 规划引导下利津县村庄分类与整治策略[J]. 农业机械学报,2020,51(5):232-241,323.
叶嘉安,宋小冬,钮心毅,等. 地理信息与规划支持系统[M]. 北京:科学出版社,2006.
袁久和,吴宇. 乡村振兴战略下我国农村发展水平及耦合协调评价[J]. 农林经济管理学报,2018,17(2):218-226.
张军. 乡村价值定位与乡村振兴[J]. 中国农村经济,2018,34(1):2-10.
张挺,李闽榕,徐艳梅. 乡村振兴评价指标体系构建与实证研究[J]. 管理世界,2018,34(8):99-105.
张小林. 乡村概念辨析[J]. 地理学报,1998,53(4):365-371.
张晓瑞,王振波,方创琳. 城市脆弱性的综合测度与调控[M]. 南京:东南大学出版社,2016.
张英男,龙花楼,马历,等. 城乡关系研究进展及其对乡村振兴的启示[J]. 地理研究,2019,38(3):578-594.
郑国,叶裕民. 中国城乡关系的阶段性与统筹发展模式研究[J]. 中国人民大学学报,2009,23(6):87-92.
郑祖艺,廖和平,杨伟,等. 重庆市县域乡村类型划分及格局特征:基于乡村发展水平和转型评价[J]. 西南大学学报(自然科学版),2018,40(2):104-112.
周生路. 土地评价学[M]. 南京:东南大学出版社,2006.
宗跃光,徐建刚,尹海伟. 情景分析法在工业用地置换中的应用:以福建省长汀腾飞经济开发区为例[J]. 地理学报,2007,62(8):887-896.
宗跃光,张晓瑞,何金廖,等. 空间规划决策支持技术及其应用[M]. 北京:科学出版社,2011.

·外文文献·

CARVER S J. Integrating multi-criteria evaluation with geographical information systems[J]. International journal of geographical information systems, 1991,5(3):321-339.
CLOKE P J. An index of rurality for England and Wales[J]. Regional studies, 1977,11(1):31-46.
CONRAD C, RUDLOFF M, ABDULLAEV I, et al. Measuring rural

settlement expansion in Uzbekistan using remote sensing to support spatial planning[J]. Applied geography, 2015,62(6):29-43.

EASTMAN J R, JIN W G, KWAKU KYEM P A, et al. Raster procedure for multi-criteria/multi-objective decisions[J]. Photogrammetric engineering and remote sensing, 1995,61(5):539-547.

FRIEDMAN J H, TUKEY J W. A projection pursuit algorithm for exploratory data analysis[J]. IEEE transactions on computers, 1974,23(9):881-890.

GOLDBERG D E. Genetic algorithms in search, optimization and machine learning[M]. New York: Addison-Wesley Professional, 1989.

HIDLE K, CRUICKSHANK J, MARI NESJE L. Market, commodity, resource, and strength: logics of Norwegian rurality[J]. Norsk geografisk tidsskrift-norwegian journal of geography, 2006,60(3):189-198.

HUBER P J. Projection pursuit(with discussion)[J]. The annals of statistics, 1985,13(2):435-452.

JANKOWSKI P. Integrating geographical information systems and multiple criteria decision-making methods[J]. International journal of geographical information systems, 1995,9(3):251-273.

JOERIN F, THÉRIAULT M, MUSY A. Using GIS and outranking multi-criteria analysis for land-use suitability assessment [J]. International journal of geographical information science, 2001,15(2):153-174.

LIU Y S, LI Y H. Revitalize the world's countryside[J]. Nature, 2017,548(7667):275-277.

MALCZEWSKI J. GIS-based land-use suitability analysis: a critical overview [J]. Progress in planning, 2004,62(1):3-65.

MALCZEWSKI J. Multicriteria GIS and decision analysis[M]. New York: John Wiley and Sons, 1999.

POSTMA T J B M, LIEBL F. How to improve scenario analysis as a strategic management tool[J]. Technological forecasting and social change, 2005, 72(2):161-173.

SAATY T L. The analytic hierarchy process: planning, priority setting, resource allocation[M]. New York: Mcgraw-Hill, 1980.

SHUBIN S. The changing nature of rurality and rural studies in Russia[J]. Journal of rural studies, 2006,22(4):422-440.

WOODS M. Rural geography: processes, responses and experiences in rural restructuring[M]. London: Sage Publications, 2005.

图表来源

图 2-1、图 2-2 源自:笔者绘制.
图 3-1 至图 3-17 源自:笔者绘制.
图 4-1 至图 4-32 源自:笔者绘制.
图 5-1 源自:笔者绘制.
图 6-1 至图 6-15 源自:笔者绘制.

表 2-1、表 2-2 源自:笔者根据相关资料整理绘制.
表 3-1 至表 3-3 源自:笔者绘制.
表 4-1 至表 4-4 源自:笔者绘制.
表 5-1 至表 5-7 源自:笔者绘制.
表 6-1 至表 6-16 源自:笔者绘制.

后记

乡村振兴战略是推进农业农村现代化的国家战略决策，是解决新时期农村发展不充分、城乡发展不平衡以及加快解决“三农”问题的重要选择。由于乡村具有经长期变迁而形成的固有特征，无论是资源禀赋、交通区位还是人口和用地规模、经济社会条件等，不同的乡村都具有不同的特点和条件。因此，国家层面上宏观而统一的乡村振兴战略在具体落地实施的过程中，必然要立足乡村的自身条件和本土特征，要走具有地域特点和差异化的本土发展之路，即要走在地振兴之路。

本质上，乡村振兴战略是一个大方向和大目标，而在地振兴则是这个大战略的具体实施，是一个最关键的战术举措。简而言之，乡村在地振兴是针对具体地区的乡村振兴具体问题而言的一个研究和实践范畴。乡村振兴战略和乡村在地振兴必须相互配合、互为支撑，共同构成基于战略、战术一体化发展的框架体系，由此确保乡村振兴战略得到切实执行，而在地振兴之路也能保持正确的方向，从而实现“产业兴旺、生态宜居、乡风文明、治理有效、生活富裕”的总体目标要求。

根据国家要求，乡村振兴必须要在乡村在地特点评价的基础上分类实施，即要根据乡村的发展现状、区位条件、资源禀赋等，将乡村划分为集聚提升类、城郊融合类、特色保护类、搬迁撤并类四种类型，进而按照这四类来分类推进乡村振兴。根据这一要求，某一地区的乡村在地振兴必然要首先完成评价和分类。同时，当前农村土地特别是宅基地存在粗放利用的问题，在乡村振兴和国土空间规划的时代背景下，乡村土地整治问题也自然成为乡村在地振兴研究的又一重点内容。基于此，在乡村振兴战略的时代背景下，从具体地区的乡村在地振兴的视角出发，乡村发展评价、分类与整治将成为一个基础性的研究命题，其不仅是乡村振兴国家战略的基本要求，而且是乡村在地振兴的必然环节。因此，对乡村发展评价、分类与整治展开理论方法研究和实践应用探索，是各级政府和学术界十分关注的问题。这个问题的探索和解决无疑将具有重要的学术意义和广泛的应用价值。

本书在总结相关政策要求的基础上，紧扣乡村在地振兴这一具体视角，围绕乡村发展评价、分类与整治这三大关键点，以乡村发展评价为核心，以乡村分类与乡村土地整治为两大支点，尝试建构了乡村发展评价和分类的技术方法体系以及乡村土地整治的策略体系。同时，将理论方法与实践应用有机结合起来，展开了系统的实证应用研究，由此全面进行了乡村发展评价、分类与整治的理论方法和实证应用研究，以期为乡村振兴战略的实施、乡村在地振兴之路提供科学的决策依据。

在本书研究与写作过程中，合肥工业大学的董洁云、闫旭、邵薇、梁辉、朱明豪、许倩雯在数据收集处理上付出了辛勤劳动，在此向他们致以深深的感谢。同时，还要感谢休宁县和来安县的相关政府部门在现场调研、资料提供上所给予的帮助以及所提出的宝贵意见和建议。最后，乡村发展评价、分类与整治是乡村振兴研究和实践的一个重要基础性内容，是一个正在深入研究的新课题，希望本书能对相关研究和实践提供一定的参考和借鉴。

本书作者

杨西宁，安徽省城乡规划设计研究院有限公司副总规划师，正高级工程师，国家注册城乡规划师。近年来，主持或主要参加各类重大城乡规划项目及科研课题 60 余项，获省科技进步二等奖 1 项、三等奖 1 项，获部优秀城乡规划设计三等奖 3 项，获省优秀城乡规划设计一等奖 3 项、二等奖 4 项，出版学术专著 3 部，发表学术论文多篇。

张晓瑞，南京大学博士，中国科学院地理科学与资源研究所博士后，合肥工业大学教授，国家注册城乡规划师。主要从事国土空间规划、城市与区域规划、空间规划决策支持技术等方面的教学与科研工作。近年来，主持完成各级各类规划编制研究和实践项目 70 余项，发表中英文学术论文近百篇，出版学术专著和高校教材 9 部。